特大水利枢纽泄洪运行安全实时调控技术

黄国兵　杨　伟　李会平等　著

科学出版社
北京

内 容 简 介

本书围绕"泄洪运行安全"和"调控"两个中心点，揭示泄洪闸门安全、消力池安全、场地振动等多因子综合调控响应特性，采用安全性快速智能评估方法，运用先进的监测手段，研发枢纽泄洪运行安全实时精细调控技术，旨在降低泄洪安全隐患。本书突破高速水流、大功率泄洪等水力致灾机理的理论障碍，攻克特大水利枢纽防洪实时调控和安全运行的关键技术瓶颈，形成具有普适性的理论技术体系，建立实时调控和安全运行系统平台，进行典型工程应用示范。本书部分插图配有彩图二维码，扫码可见。

本书可供大中型水利水电工程设计人员、施工人员及工程项目业主单位的技术人员参考阅读，也可作为科研单位、高等院校有关专业科研人员、教师及研究生的重要参考资料。

图书在版编目（CIP）数据

特大水利枢纽泄洪运行安全实时调控技术/黄国兵等著. —北京：科学出版社，2021.9
ISBN 978-7-03-069814-8

Ⅰ.① 特… Ⅱ.① 黄… Ⅲ.① 水利枢纽-泄洪闸-运行-安全管理
Ⅳ.① TV6

中国版本图书馆 CIP 数据核字（2021）第 184883 号

责任编辑：何　念　张　湾/责任校对：高　嵘
责任印制：彭　超/封面设计：无极书装

科学出版社 出版
北京东黄城根北街 16 号
邮政编码：100717
http://www.sciencep.com
武汉中科兴业印务有限公司印刷
科学出版社发行　各地新华书店经销
*
开本：787×1092　1/16
2021 年 9 月第 一 版　印张：12 1/4
2021 年 9 月第一次印刷　字数：288 000
定价：128.00 元
（如有印装质量问题，我社负责调换）

长江上中游水电资源可开发量为 $2.44×10^8$ kW，约占全流域的 87%、全国的 40%，干支流上已建或规划建设水利枢纽 80 余座，其中特大水利枢纽近 20 座，已经形成了世界上规模最大的特大水利枢纽群，是我国水资源配置和可再生能源发展的战略要地。这些特大水利枢纽大多位于高山峡谷地区，具有泄洪流量大、运行水头高、装机容量大、地质地形条件复杂等特点，高速水流产生的消能防冲、雾化、振动、空蚀、次声波危害十分突出，泄洪运行调控的复杂性和安全运行保障的技术难度居世界之最。我国虽然在特大水利枢纽建设方面取得了世界瞩目的成就，在高水头、大流量、窄河谷的泄洪消能技术方面取得了长足进步，总体居世界领先水平，但由于对高速水流的致灾机理认识不清，加之运行调控不合理，对枢纽运行调控和安全运行保障技术的研究相对滞后。随着越来越多的特大水利枢纽的建成和投入运行，对特大水利枢纽调控与安全运行技术的需求越来越迫切，急需加强该技术领域的研究，以满足特大水利枢纽长期安全运行的需求。

本书依托国家重点研发计划项目课题"枢纽泄洪运行安全实时调控技术"（2016YFC0401904），吸纳国家自然科学基金面上项目"高水头短有压泄水孔掺气坎水体紊动喷溅猝发机制研究"（51879013）的相关内容，综合长江水利委员会长江科学院、天津大学、南京水利科学研究院、金安桥水电站有限公司、中国电建集团中南勘测设计研究院有限公司、中国水利水电科学研究院等单位 4 年来的研究成果，针对长江上中游特大水利枢纽泄洪安全隐患多的问题，围绕"泄洪运行安全"和"调控"两个中心点，探求枢纽泄洪运行出现的不良水力现象（冲刷和防护安全、空蚀、结构和场地振动、雾化、低频声波等）的调控响应特性，以向家坝水电站为示范工程，建立适用于不同消能形式的安全快速智能评估技术体系，运用先进的监测手段，研发适用于长江上中游特大水利枢纽的泄洪运行安全在线监测预警和实时调控系统，完善与改进枢纽运行方式，并在向家坝水电站、锦屏水电站等工程中进行实际应用，大幅提高泄洪安全性，形成行业标准。

本书共 7 章。第 1 章介绍有关枢纽泄洪运行安全研究的背景，从泄洪运行破坏或危害案例、特大水利枢纽泄洪运行调控现状、枢纽长期安全运行的必要性等方面介绍特大水利枢纽泄洪运行安全问题。第 2～4 章从闸坝前后特殊水流现象、高速水流掺气及通气、高水头闸门伴生振动及爬振等方面介绍泄洪建筑物的泄洪运行安全关键影响因子及调控方式，从挑流消能河道抗冲防护安全、消力池防护安全、挑流水垫塘防护安全、跌坎底流消力塘防护安全等方面介绍消能建筑物的泄洪运行安全关键影响因子及调控方式，从场地振动、低频声波、雾化等方面介绍泄洪诱发场地振动、低频声波、雾化的泄洪运行安全关键影响因子及调控方式等研究成果。第 5～6 章综合考虑泄洪建筑物、消能建筑物及近坝区其他建筑物泄洪运行安全评估控制指标，结合安全监测数据、枢纽调度信息等相关基础资料，提出泄洪安全智能评估方法，构建以向家坝为示范工程的泄洪安全快速智能评估模型；结合高坝泄洪安全监测的常规方法与实时监控技术、水电站泄洪安全实时监测及预警系统、在线监测和实时调控系统，研发实时调控技术及测控系统。第 7 章总结调控技术在向家坝水电站中的应用情况。

　　本书由黄国兵、杨伟、李会平、姚烨、张苾翠、胡晗、张陆陈、梁超、刘昉等撰写。其中，第 1 章由黄国兵、吴华峰撰写，第 2～4 章由侯冬梅、胡晗、吴华峰、梁超、张陆陈、刘昉、张苾翠撰写，第 5～6 章由李会平、姚烨、陈文彬、杨伟撰写，第 7 章由张苾翠、杨伟撰写。为本书付出辛勤劳动的还有（按姓氏拼音排序）戴晓兵、杜兰、段文刚、顾天娇、黄跃文、刘继广、苗宝广、聂艳华、牛广利、唐祥甫、王才欢、王立杰、熊麒麟、曾少岳、张晓波、张新军、张永涛、周文亭、周跃飞。在本书内容相关课题的研究过程中，受到了项目负责人练继建的鼓励和指导。感谢王小毛、周建中、廖仁强、槐文信、刘士和、吴时强、杨文俊等国内同行提供的无私帮助！

　　由于作者的学识和水平有限，书中难免存在疏漏、不妥之处，恳请读者与专家批评指正。

黄国兵

2020 年 12 月 30 日

于武汉江岸区

第 1 章

特大水利枢纽泄洪运行安全需求

　　长江上中游特大水利枢纽具有泄洪流量大、水头高等特点，大多位于高山峡谷地区，地质地形条件复杂，单宽泄洪消能功率高出国外同规模工程的 3~10 倍，高速水流产生的冲刷、雾化、振动、空蚀、次声波危害十分突出，急需针对泄洪安全运行提出技术保障措施。

1.1　长江上中游主要特大水利枢纽

长江干流全长 6 300 余 km，流域面积约为 180×10^4 km^2，水力资源可开发装机容量为 28.1×10^4 MW，年发电量为 1.30×10^{12} kW·h，分别占全国的 47% 和 48%，是我国水电开发的主要基地，形成了规模宏大的特大水利枢纽群。自江源至宜昌为上游，河长 4 510 km，多流经高山峡谷，坡陡流急，落差为 5 360 m，占全江总落差的 98.9%，该区域的较大支流有雅砻江、岷江、嘉陵江、乌江等，流域面积均在 8×10^4 km^2 以上，国内十三大水电基地中的金沙江水电基地、雅砻江水电基地、大渡河水电基地、乌江水电基地均处于本区域内。

1.1.1　金沙江水电基地

金沙江全流域共计划开发 27 级水电站，总装机规模相当于 4 座三峡水电站。本小节介绍梨园水电站、阿海水电站、金安桥水电站、乌东德水电站、溪洛渡水电站、向家坝水电站 6 座水电站，均属 I 等大（1）型工程。

1. 梨园水电站

梨园水电站为金沙江中游河段"一库八级"的第三个梯级水电站，以发电为主，兼顾防洪、旅游等功能。枢纽的主要建筑物有混凝土面板堆石坝、右岸溢洪道、左岸泄洪冲沙洞、左岸引水发电系统等，工程最大坝高为 155 m。溢洪道布置于右岸，为枢纽的主要泄洪建筑物，出口采用跌坎式底流消能，最大泄量为 15 500 m^3/s，最大泄洪落差近 100 m，陡槽宽 73.5 m，高水头、大泄量［最大单宽流量为 210 m^3/（s·m）］带来的消力池表面抗冲磨和结构流激振动稳定问题突出。

2. 阿海水电站

阿海水电站是金沙江中游河段"一库八级"的第四个梯级水电站，上游与梨园水电站衔接，下游为金安桥水电站，以发电为主，兼顾防洪、灌溉等功能。枢纽的主要建筑物有混凝土重力坝、左岸溢流表孔及消力池、左岸泄洪中孔、右岸排沙底孔、坝后主副厂房等，最大坝高为 138 m。

左岸溢洪道泄洪表孔有 5 孔，单孔净宽 13 m，堰顶高程为 1 484.00 m，闸墩末端设置 X 形宽尾墩，下接阶梯坝（坡度为 1∶0.75，阶梯尺寸为 1.2 m×0.9 m）。反弧段末端设置底流消力池。消能区采用底流消力池消能，消力池全长 95.5 m，等宽布置，净宽为 93 m，底板高程为 1 400.00 m。二道坝坝高 20 m，其后设置混凝土护坦，护坦高程为 1 405.00 m。

3. 金安桥水电站

金安桥水电站是金沙江中游河段"一库八级"的第五个梯级水电站，以发电为主，兼顾防洪功能。枢纽的主要建筑物有混凝土重力坝、右岸溢洪道、右岸泄洪冲沙底孔、左岸泄洪冲沙底孔、坝后主副厂房等，最大坝高为160 m。

右岸溢洪道泄洪表孔有5孔，单孔净宽13 m，堰顶高程为1 398.00 m，采用底流消能方式，最大泄量为14 926 m³/s，占总泄量的83%，相应的上下游水位差为99 m，泄洪功率较大。溢流表孔短泄槽宽85～88 m，为连续式单槽布置，消力池长177.628 m，入池跌坎高6 m，池底高程为1 276.50 m（消力池底板修补后，池底高程为1 275.50 m）。

4. 乌东德水电站

乌东德水电站是金沙江下游河段4个梯级水电站最上游的水电站，以发电为主，兼顾防洪功能。枢纽的主要建筑物有混凝土双曲拱坝、岸边泄洪洞、地下水电站等，最大坝高为270 m。

工程采用坝身表中孔和岸边泄洪洞相结合的泄洪方式，设计洪峰流量为35 800 m³/s，坝身布置5个表孔、6个中孔，左岸靠山侧布置3条泄洪洞，坝身及泄洪洞均采用水垫塘消能方式。表孔堰顶高程为959.00 m，对称布置，每孔堰顶宽度为12 m，各表孔出口处采用不同的挑（俯）角值，1#和5#孔为-20°，2#和4#孔为5°，3#孔为-5°，相应的出口高程分别为910.590 m、943.904 m和941.388 m；泄洪深孔控制尺寸为6 m×7 m，1#、3#、4#、6#中孔为上挑型，挑角为20°，进口底板高程为878.00 m，出口底板高程为886.34 m，2#、5#中孔为平底型，底板高程为885.00 m；坝后采用护岸不护底水垫塘消能，二道坝中心线距坝轴线354.3 m，坝顶高程为825.50 m；泄洪洞采用有压洞接出口明流隧洞形式，进口底板高程为910.00 m，有压出口断面尺寸为14 m×10 m（宽×高），1#、3#泄洪洞出口采用15°俯角入水，单侧向心扩散，鼻坎出口高程为857.64 m，2#泄洪洞出口采用5°俯角，采用舌形坎，两侧扩散且斜切，鼻坎出口高程为860.00 m，各孔扩散角均为5°，扩散段水平距离为35 m，泄洪洞下游采用水垫塘消能，水垫塘底板高程为795.00 m，底长151.3 m，尾部二道坝坝顶高程为825.00 m。

5. 溪洛渡水电站

溪洛渡水电站是金沙江下游河段4个梯级水电站的第三级水电站，以发电为主，兼顾拦沙、防洪和改善下游河道航运条件等功能。枢纽的主要建筑物有混凝土双曲拱坝、岸边泄洪洞、地下水电站等，最大坝高为285.5 m。

工程采用坝身表中孔和岸边泄洪洞相结合的泄洪方式，设计洪峰和校核洪峰流量分别为43 700 m³/s、52 300 m³/s，坝身采用分层设置7个表孔和8个深孔布置方案。表孔堰顶高程为586.50 m，对称布置，每孔堰顶宽度为12.5 m，出口采用下跌式挑流消能，2#～6#表孔出口中间设置双齿坎，4#表孔鼻坎高程为573.56 m，挑角为-20°，出口宽度渐扩至16.88 m，3#和5#表孔鼻坎高程为567.83 m，挑角为-30°，出口宽度渐扩至

16.72 m；8 个深孔分 4 组采用 4 个不同的挑角（或俯角），对称布置，进口底板高程为 490.70 m，控制尺寸为 6.0 m×6.7 m，出口底板高程为 499.50～501.00 m；水垫塘底高程为 335.00 m，二道坝中心线距坝轴线 400 m，坝顶高程为 386.00 m；左右岸边各设 2 条常规泄洪隧洞，最大泄量为 16 648 m³/s，约占总泄量的 34%，闸室后缓坡明流洞段的流速控制在 25 m/s 左右，在"龙落尾"段反弧末端的流速约为 50 m/s。

6. 向家坝水电站

向家坝水电站是金沙江下游河段最末端的梯级水电站，以发电为主，同时可以改善航运条件，兼顾防洪、灌溉功能，并具有拦沙和对溪洛渡水电站进行反调节等作用。枢纽的主要建筑物有挡水建筑物、消能建筑物、冲排沙建筑物、左岸坝后引水发电系统、右岸地下引水发电系统、通航建筑物及灌溉取水口等，最大坝高为 162 m。

工程采用中表孔交叉间隔布置的底流消能形式，泄洪建筑物共有 12 个表孔和 10 个中孔，由中间隔墙将其分成左右两部分，左右侧各 6 个表孔和 5 个中孔。表孔堰顶高程为 354.00 m，单孔净宽 8 m，单个闸墩宽 12 m；中孔进口高程为 305.00 m，单孔净宽 6 m，与表孔相间布置；采用底流消能方式，挑坎与消力池底板的高差为 12 m，挑角为 3.8°（坡度为 1∶15）的俯角，为多股多层水平淹没射流，消力池长 228 m，底板高程为 245.00 m，坎顶高程为 270.00 m，消力池由中导墙分成左右两部分，左右侧各宽 108 m，消力池与水电站尾水之间由左导墙相隔。

1.1.2　雅砻江水电基地

雅砻江干流共规划了 21 个梯级水电站，利用落差达 2 813 m。本小节介绍锦屏一级水电站、官地水电站、二滩水电站 3 座特大型水电站，均属 I 等大（1）型工程。

1. 锦屏一级水电站

锦屏一级水电站是雅砻江下游卡拉至河口河段水电规划梯级开发的龙头水电站，主要任务是发电。枢纽的主要建筑物有混凝土双曲拱坝（包括水垫塘和二道坝）、右岸泄洪洞、右岸引水发电系统及开关站等，最大坝高为 305 m，为目前世界上已建、在建和设计中最高的双曲薄拱坝。

泄洪建筑物具有"高水头、大流量、窄河谷"的特点，泄洪消能问题为该工程枢纽布置的控制因素之一，设计洪峰和校核洪峰流量分别为 13 600 m³/s、15 400 m³/s。

2. 官地水电站

官地水电站是雅砻江干流卡拉至江口河段水电规划五级开发的第三个梯级水电站，其上游有锦屏二级水电站和锦屏一级水电站，下游有二滩水电站。枢纽的主要建筑物有碾压混凝土重力坝、右岸地下厂房和消能建筑物等，最大坝高为 168 m。

官地水电站采用底流消能形式，校核洪水泄洪流量为 15 500 m³/s，枢纽泄洪总功率为 16 118 MW，单位体积消能率为 32.1 kW/m³。溢流坝段布置于河床中部，溢流表孔堰顶高程为 1 311.00 m，每孔净宽 15 m，采用宽尾墩+底流泄洪消能方式；2 个中孔坝段分别布置于溢流坝段两侧，中孔进口底高程为 1 240.00 m，孔口出口尺寸为 5 m×7 m（宽×高），其功能为放空水库和特大洪水时参与泄洪，采用侧向挑流进入消力池的消能方式；下游采用斜坡边墙接消力池的底流消能方式，消力池长 119 m，底宽 95 m，池尾设二道坝，坝顶高程为 22.50 m，消力池防护结构的安全问题十分突出。

3. 二滩水电站

二滩水电站位于雅砻江下游，距攀枝花市 46 km，是以发电为主、多目标综合开发的水利枢纽工程。枢纽的主要建筑物有混凝土双曲拱坝、泄洪建筑物、地下厂房等，最大坝高为 240 m。

工程采用坝身孔口和泄洪洞联合泄洪形式，坝身 7 个表孔，每孔宽 11 m，堰顶高程为 1 188.50 m，在设计、校核洪水位下的泄量分别为 6 300 m³/s 和 9 800 m³/s；6 个中孔的控制尺寸为 6 m×5 m，出口高程为 1 120.00 m，在设计、校核洪水位下的泄量分别为 6 262 m³/s 和 6 452 m³/s，为避免水流径向集中，中孔在平面上实行压力偏转，并用 30°、17°、10° 3 组不同挑角将水舌在横向和纵向散开；右岸布置 2 条大型明流泄洪洞，单洞设计、校核泄量分别为 3 700 m³/s 和 3 800 m³/s，洞内最大流速约为 45 m/s；下游设置水垫塘和二道坝，并将它们作为防冲保护措施，水垫塘底板高程为 980.00 m，二道坝轴线距拱坝线 330 m，坝顶高程为 1 010.00（河床）～1 017.00 m（两岸）。

1.1.3　乌江构皮滩水电站

乌江水力资源得天独厚，在长江各大支流中居第三位，乌江水电基地为全国十三大水电基地之一。

构皮滩水电站位于乌江干流中游，属 I 等大（1）型工程，工程具有发电、防洪、航运及其他综合效益。枢纽的主要建筑物有双曲拱坝、消能建筑物、水电站厂房、通航建筑物等，最大坝高为 232.5 m。

构皮滩水电站上下游最大水头差约为 150 m，大坝设计、校核泄洪量分别达 24 016 m³/s 和 28 807 m³/s，泄洪功率分别达 34 940 MW 和 41 690 MW 左右，加之河谷狭窄，地形地质条件复杂，消能区尾部及下游两岸与河床为黏土岩等软岩，泄洪与消能防冲设计难度较大。通过对泄洪布置、消能效果及工程量等多方面的综合比较，确定采用 6 个表孔和 7 个中孔泄洪、坝下设置水垫塘的消能布置方案。泄洪表孔堰顶高程为 617.00 m，孔口尺寸为 12 m×15 m；泄洪中孔进出口均为有压流形式，为了分散入塘水流落点，出口分为上挑压板型和平底型两种，孔口尺寸为 6 m×7 m；左岸布置辅助泄洪洞，最大泄量为 3 100 m³/s，洞内最大流速约为 43 m/s；水垫塘长约 303 m，底宽约 70 m，底板高程为 412.00 m，二道坝坝顶高程为 441.00 m。

1.1.4　长江三峡水利枢纽

长江三峡水利枢纽是治理和开发长江的关键性骨干工程，属 I 等大（1）型工程，具有防洪、发电、航运等巨大的综合效益。枢纽的主要建筑物有混凝土重力坝及泄洪建筑物、水电站厂房、通航建筑物等，最大坝高为 181 m。

长江三峡水利枢纽按 1000 年一遇洪水设计，洪峰流量为 98 800 m³/s；按 10 000 年一遇加大 10%洪水校核，洪峰流量为 124 300 m³/s。泄洪坝段总长 483 m，布置有 23 个泄洪深孔和 22 个溢流表孔，孔堰相间布置，通过挑流鼻坎将水流挑入下游河道。表孔净宽 8 m，堰顶高程为 158.00 m，采用明流泄槽鼻坎挑流形式；深孔孔口尺寸为 7 m×9 m，进口底高程为 90.00 m，工作门后设置跌坎掺气设施，跌坎两侧和闸室上方设置通气设施，采用有压短管接明流泄槽鼻坎挑流形式；在泄洪坝段左右两侧各布置了一个排漂孔，孔口尺寸为 10 m×12 m，堰顶高程为 133.00 m。

1.1.5　其他区域的水电站

对于其他区域的水电站（大型水利枢纽），本小节列举了清江水布垭水电站及隔河岩水电站、沅江五强溪水电站、汉江安康水电站等 I 等大（1）型工程。

1. 清江水布垭水电站

水布垭水电站位于清江干流中游河段，是清江梯级开发的龙头水电站，以发电、防洪为主。枢纽的主要建筑物有混凝土面板堆石坝、左岸溢洪道、右岸地下式水电站厂房和放空洞等，混凝土面板堆石坝坝顶高程为 409.00 m，最大坝高为 233 m。

泄洪建筑物为河岸式溢洪道，采用窄缝式消能工、阶梯式出口布置形式，其溢洪道最大水平长度约为 300 m，尾坎以上最大工作水头达 140 m，最大下泄流量为 18 280 m³/s。

2. 清江隔河岩水电站

隔河岩水电站为水布垭水电站的下一级水电站，以发电、防洪为主，兼顾通航功能。枢纽的主要建筑物有重力拱坝及泄洪建筑物、消能建筑物、引水式地面厂房、斜坡式升船机等，坝顶高程为 206.00 m，最大坝高为 151 m。

隔河岩水电站坝址 1000 年一遇设计洪水和 10 000 年一遇校核洪水的洪峰流量分别为 22 800 m³/s、27 800 m³/s，相应的大坝泄洪建筑物的下泄流量为 17 700 m³/s、22 800 m³/s。为解决大坝泄洪消能问题，经多方案研究比较，最终选定了束窄射流（表孔不对称宽尾墩、深孔窄缝射流）+消力池（水垫塘）的复合消能工方案，以达到分散向心水流、充分掺气、强化消能的效果。隔河岩大坝的消力池分为一级消力池和二级辅助消能工两个部分。

3. 沅江五强溪水电站

五强溪水电站位于沅江下游,以发电为主,兼有防洪、航运效益。枢纽的主要建筑物有拦河坝(包括溢流坝)、右岸坝后式厂房和左岸三级船闸等,最大坝高为 85.83 m。

五强溪水电站校核洪水和设计洪水下的泄流量分别为 56 100 m^3/s、47 800 m^3/s(未计及发电流量),泄洪功率高达 1 660$\times10^4$~2 000$\times10^4$ kW。泄洪建筑物由 9 个表孔、5 个底孔和 1 个中孔组成,总的前沿长度为 249.75 m。表孔每孔净宽 19 m,堰顶高程为 87.80 m,被中孔坝段分成左侧 6 个表孔、右侧 3 个表孔;底孔设在左侧 6 个表孔的 5 个中墩下方的坝体内,进口底高程为 67.00 m,孔口尺寸为 3.50 m×7.43 m;中孔进口底高程为 67.00 m,孔口尺寸为 9.00 m×12.27 m。坝下左侧 6 个表孔采用宽尾墩+底孔(挑流)+消力池的联合消能形式,与 5 个泄水底孔共用一个左消力池,水流出底孔后以挑射形式入左消力池内,利用表孔水跃的"动水垫"效应进行联合消能,消力池净宽 145.5 m,全长 120 m,底板顶高程为 42.00 m;右侧 3 个表孔则采用宽尾墩+消力池的联合消能形式,消力池净宽 72 m,全长 120 m,底板顶高程为 42.00 m;两消力池末端均接雷伯克差动式尾坎,高坎高程为 51.00 m,低坎高程为 46.00 m,尾坎后为全长 50 m 的海漫。

4. 汉江安康水电站

安康水电站位于汉江上游,以发电为主,兼有航运、防洪、养殖等综合效益。枢纽的主要建筑物有混凝土重力式溢流坝段、非溢流坝段、坝后厂房和垂直升船机等,最大坝高为 128 m。

安康水电站坝址 1 000 年一遇设计洪水和 10 000 年一遇校核洪水洪峰流量分别为 36 700 m^3/s、45 000 m^3/s,相应的大坝泄洪建筑物的下泄流量为 31 500 m^3/s、37 600 m^3/s,泄洪建筑物由 5 个溢流表孔、5 个中孔和 4 个底孔组成。安康水电站泄洪消能的技术难点是:洪水峰高量大,库容较小,总的泄洪功率达 20 000 MW;河床狭窄,两岸陡峻,要在河床上同时布置泄洪建筑物、水电厂房及通航设施,而在运行时又不能相互干扰,难度很大;坝址位于河流弯道,与下游河道成 25°~30° 交角,若泄洪建筑物的布置与运行调度不当,极易造成右冲左淤,影响水电站的运行与通航;坝下游河床和河岸的岩石抗冲流速较低,仅为 3~5 m/s。因此,消能建筑物的布置与体型比较复杂。

1.2 泄洪运行破坏或危害案例

长江上中游已建的特大水利枢纽在泄洪运行中出现的若干不良水力现象,危及枢纽或周边安全,是特大水利枢纽调控运行中的重大核心安全问题之一。现选列部分特大水利枢纽泄洪运行破坏或危害的案例，包含泄洪建筑物、消能建筑物遭受的破坏，以及泄洪诱发的场地振动、低频声波、雾化等危害。

1.2.1　泄洪建筑物破坏案例

高速水流带来的漩涡，水面强烈波动，空蚀破坏，泄洪引发的闸门、导墙或坝体振动是最常见的破坏形式。

吸气漩涡对水工建筑物和水力机械有一定的破坏作用，个别工程还会引起闸门、坝体的振动。

高水头、大流量泄洪洞水流经掺气后，会产生较大波动，加之水面以上常有高浓度水汽产生，若水面跃升较大或通气不畅，水面跃升击打洞顶，将造成极大破坏。

空蚀破坏是泄洪建筑物的常见病害之一，空蚀破坏常发生在泄洪建筑物（包括泄水管道、溢流坝和陡槽等）泄流表面的不平整处、进口段、反弧段、转弯段、岔管段、异形挑流鼻坎、消力池的辅助设施及闸门井与水洞连接处等局部位置。

泄洪建筑物闸门、导墙（闸墩）等轻型结构的泄流振动是造成结构破坏的关键因素。拱坝坝身泄洪诱发坝体振动问题的根源是紊动（动荷载）诱发"拱坝-地基"耦联结构的随机振动；高速紊动水流特性是引发坝体振动的根本原因，较多工程在高水位条件下明流泄槽段水流紊动加剧，坝体出现了间歇性振动。

1. 金安桥水电站

金安桥水电站投入运行以来，表孔溢洪道泄槽底板多次遭受泄洪损坏。

溢洪道的溢流坝面部位，水流流速高，水流空化数较小，且1#掺气坎掺气效果不佳，有产生空蚀的可能。2011~2018年，每年对表孔溢流面进行汛后检查，发现第一级掺气坎后的1:75直线段和反弧段的混凝土面在局部均有不同程度的冲蚀磨损、露筋、麻面现象。在2013年、2016年、2017年、2018年分别对表孔溢流面冲蚀破坏部位采取凿除冲毁部位松散混凝土、周边加深修直、用环氧混凝土修补等措施后，仍反复出现环氧砂浆修补层局部脱落的情况。

2017年7月8日泄洪时发现第二级掺气槽前的1:10斜坡泄槽局部水面出现了异常跳跃现象。2017年7月10日，表孔溢洪道下泄了工程建成后的最大流量7 095 m³/s，7月22日停止泄洪后检查发现，1:10斜坡泄槽底板表层1 m厚抗冲耐磨混凝土出现大面积损毁，主要集中在泄槽中部区域，面积约为2 300 m²，而下部C25混凝土基本完好，见图1.1。2018年汛前对1:10斜坡泄槽段的破坏区域进行了原体型修复。

2017年汛期第三级掺气坎后1:3斜坡段也出现了面层1 m厚抗冲磨混凝土损坏，对破坏区域局部处理后，在桩号0+283.00 m位置设置临时锁口梁，形成了高约1.0 m的跌坎。2018年汛后检查发现，修补后结构缝冲蚀破坏较为明显，表面环氧砂浆修复层脱落[1]。

图 1.1　溢洪道 1∶10 斜坡泄槽底板破坏（2017 年 7 月停水检查）

2. 三峡水利枢纽

三峡水利枢纽在 135 m、162 m、172 m 和 175 m 水位下，坝前均间歇出现漩涡流态。在 135～162 m 水位下，深孔泄洪时坝体基本无震感。2008 年 11 月三峡水利工程试验性蓄水达到了 172.8 m 水位，在试验性蓄水过程中，水库上游出现了一次明显涨水过程，根据来水情况，及时启用了大坝部分泄洪深孔和表孔，期间参与运行的深孔为 1#～7#、10#～13#、15#、17#和 22#；2014 年 11 月三峡水利工程蓄水达到了 174.88 m 水位，根据来水情况，适时启用了部分深孔进行泄洪。

在这两次 172 m 水位以上深孔泄洪中，个别深孔进口前水域间歇性出现漏斗漩涡，坝体有间歇性振动，并伴有轰鸣声，深孔明流泄槽内水流间歇性向上摆动。在接近 175 m 水位时，深孔明流泄槽内水流紊动强烈，时有上下摆动，反弧段水体有阵发性的喷溅，见图 1.2。从泄槽内过流面相关测点的水力学监测资料来看，泄槽斜坡段坝面压力均不大，过流边壁的水压力特性均较正常；在跌坎下游段，其泄槽底部及侧壁均监测到一定强度的水流空化信号，但掺气设施能有效掺气，泄槽底部水流掺气浓度均在 2.2%以上，能满足掺气减蚀的要求。汛后检查发现，深孔过流壁面均未发现空蚀的痕迹[2]。

3. 向家坝水电站

2016～2018 年汛后对向家坝水电站泄洪建筑物过流面进行检查，在多个泄洪孔的局部部位发现了过流面蚀损破坏现象。

图 1.2　深孔明流泄槽内水流间歇性摆动

1）表孔

1#～6#表孔出口底板和侧壁均可见蚀损"小麻点"，局部混凝土表面呈蜂窝或小凹槽状，以往修补的环氧树脂砂浆有脱落现象；反弧段及其下游底板有少量悬移质颗粒泥沙（粒径 $d' < 1$ mm）淤积，落淤厚度为 2～5 mm。2#、5#表孔反弧段和出口末端发现较为明显的表面破损坑，坑槽形态总体较为平坦，2#表孔出口末端底板的表面破损坑长 5.5 m，宽 1.6 m，深 60～80 mm，5#表孔流道在距出口 15 m 范围内分布大小不等的 4 个表面破损坑，见图 1.3。采用环氧基液和环氧砂浆（分层铺设）对表孔流道过流表面破损坑进行修复处理。

（a）2#表孔（长5.5 m，宽1.6 m，深60~80 mm）　　　　（b）5#表孔（长1 m，宽1.7 m，深50~60 mm）

图 1.3　表孔出口底板表面破损坑

2）中孔

1#～5#中孔出口底板和侧壁在水流漩滚区域可见大量"小麻点"，混凝土表面呈蜂窝或小凹槽状，以往修补的环氧树脂砂浆有脱落现象，见图 1.4。

（a）2#中孔出口底板　　　　　　　　　　　　　　（b）2#中孔出口侧壁

图 1.4　中孔出口底板和侧壁表面破损坑

4. 二滩水电站

二滩水电站 1#泄洪洞于 1998 年汛期投入运行，截至 2001 年末泄洪 4 473 h，2001 年 12 月检查发现，龙抬头反弧段末端 2#掺气坎以下混凝土衬砌遭受了严重的损坏，破坏段长约 400 m，其中包括多处底板冲坑，最大冲坑深度达 21 m，破坏段长约 300 m。2002 年 9 月～2003 年 6 月对该泄洪洞遭受破坏的底板和边墙按原设计体型进行了修复，4#掺气坎下游为磨损段，采用 20 cm 厚 C50 硅粉混凝土衬砌覆盖原底面进行修复，修复后进行了 323 h 的水力学原型观测，观测发现 2#掺气坎下游边墙约 50 m 范围内在局部有施工缺陷的部位，主要是在施工缝处进行了修改，增加了侧向掺气设施。2005 年 4～6 月，对 2#掺气坎进行了改造施工，2005 年汛期对改建后的 1#泄洪洞进行了试运行，同时开展了水力学原型观测，总的试运行时间为 426.23 h，运行后进洞检查，未发现空蚀破坏，表明 2#掺气坎改造后对坎下游两侧边墙起到了很好的减免空蚀的保护作用。2008 年汛后，现场检查发现，1#泄洪洞 4#掺气挑坎下游桩号 0+672.54 m 到 0+656.47 m 段两个浇筑板块内原修复混凝土底板发生损坏，出现了 5 处大小不等的冲坑，有多处裂缝，分析认为，4#掺气坎下游底板破坏是因为混凝土内部有连通通道，在脉动压强的反复作用下混凝土产生振动，从而发生破坏。

5. 柘林水电站泄洪洞

柘林水电站泄洪洞建成后在上游最高水位 56.36～60.35 m 运行时，流量为 736～814 m³/s，入池单宽流量为 36.8～40.7 m³/(s·m)，池首趾墩前断面平均流速小于 20.3 m/s，池内流速小于 16 m/s，运行后每年均遭到不同程度的破坏。

1）破坏主要原因与部位

（1）空蚀破坏：一级消力池跃首区左右两侧导墙基本对称剥蚀，剥蚀范围左侧为 9.00 m×3.70 m×0.15～0.20 m（长×高×深），右侧为 6.5 m×3.0 m×0.2～0.3 m，由分离型水流空化所致；趾墩两侧条状剥蚀，每个趾墩下游各有一对空蚀坑，坑长 1.2～2.0 m，宽 0.55～1.00 m，最大坑深 0.7 m，由墩后漩涡型空化所致。减压模型试验表明，高水位运行时，在第一排消力墩后也会发生空化与空蚀。

（2）磨蚀破坏：由于清渣不彻底，一级消力池后半部形成大范围（面积达 570 m²）的磨蚀区，深度为 0.06～0.19 m，消力墩表面磨蚀成麻面。

（3）局部损坏：混凝土局部施工质量差，造成二级消力池的局部损坏。

（4）余能冲刷：剩余的紊动能造成池后河床冲刷，冲刷坑最大深度为 1.7 m。

2）增设消能掺气墩

为解决趾墩消力池空蚀破坏问题，通过大量试验研究提出，在陡坡上设高出水面的掺气分流墩，在陡坡末端设波形差动坎，其主要作用：一是通过墩、坎的消能作用，减少进入消力池的总机械能；二是促使水流纵向扩散，减小单位面积的入池能量；三是促使水流充分掺气，以利于掺气减蚀。这三者综合作用可以达到减免空蚀和减轻冲刷的目的。消能掺气墩方案于 1979 年施工建成。

工程于 1983 年经历了超正常高水位的泄洪考验，泄洪历时 171.5 h，最高水位达 65.32 m，1984 年又泄水三次，并进行了原型观测。经抽水检查发现，一级消力池无损坏，原破坏修补的混凝土及其接缝、未经处理的粗糙面均完整无缺；二级消力池有几处小的损伤，而且多为早先损伤的延续，主要还是混凝土施工质量问题。消力池后河床经潜水检查也未发现冲刷。上述现象说明，掺气分流墩掺气减蚀和消能防冲的效果显著，池内流速也有明显降低，在桩号 0+154.5 m 处降低最大，约比原方案降低了 22%。

6. 塔贝拉水电站

塔贝拉工程于 1974 年建成并开始蓄水，3#和 4#泄洪洞也于当年投入运行，经过一段时间的运行后检查发现泄槽遭到不同程度的破坏，主要有以下几种原因。

一是施工期残留在泄槽底板上的水泥砂浆。1974 年 8 月 13 日关闭 3#和 4#泄洪洞进行检查，在此之前，控制闸门以局部开启方式运行了 40 余天，闸门开度变化范围为 1.9～3.4 m，运行库水位为 357.4～428.9 m，运行水位到消力池底板的水头变化范围为 44.4～115.9 m，接近最高运行水头。检查发现，泄槽底板遭到了破坏，在泄槽底板的上游段有几处施工期残留在泄槽底板上的水泥砂浆，大小不一，长 80～150 mm，宽 13～76 mm，高 3～13 mm，这些残渣的高度均超过了施工不平整度的要求，致使泄洪洞过水后便发生了破坏。发现泄槽底板遭到破坏后，随即降低了库水位，并及时进行了修补，修补时采用的是常规混凝土，清除了水泥残渣，并按对平整度的要求控制修补质量。

二是 4#泄槽不平整度引起的破坏。1976 年 5 月 29 日～6 月 8 日对 4#泄槽进行闸门局部开启运行试验。5 月 29 日水库水位为 452 m，闸门在开度 3.5 m 下运行了 1 h，然后在开度 0.6 m 下运行了 20 min；6 月 4 日闸门在开度 3.5 m 下运行了 2 h 后又在全开条件下运行了 20 min；6 月 6 日库水位达 458 m，闸门在开度 3.5 m 下运行了 12 h 后进行了检查，发现在泄槽起始部位的混凝土上有长度为 150 mm 的空蚀麻点，在右边墙空蚀段长度达 80 mm。经检查发现，初生空蚀的部位恰好在钢衬和混凝土结合部位的下游侧，而混凝土比钢衬高出 1.6～2.4 mm，长度范围约为 50 mm。又经过闸门开度 2.1 m 下 17 h 的运行后，上述 4 处初生空蚀又进一步得到了发展，在这个闸门开度下，出闸流速达到了 47 m/s，作用在底板上的绝对压力约为 10 m 水柱。为了搞清楚空蚀的位置和不平整度情况，在破坏部位的周围进行了详细的测量，测量间隔为 50 mm，空蚀发生处的上游均有凸体存在，在约 300 m 的长度范围内，共有 6 处凸体高出 3 mm 或更高，其上下游的坡度一般为 1∶22.1～1∶20.2。模型试验研究表明，当闸门全开、流速为 34 m/s 时没有空化发生，而当闸门半开、流速达 47 m/s 时空化开始发生，当闸门开度为 2.1 m，对应的流速为 49 m/s 时，空化已经很明显。在修复工作中，采用了锚筋与 508 mm 厚的钢纤维混凝土，并严格控制了施工平整度，当凸体高度超过 3 mm 时，要控制其上游至下游的坡度不超过 1∶30。

上述两类泄槽段的破坏，都是由于没有处理好施工残渣留下的不平整度和闸门小开度运行，破坏的位置发生在泄槽段高流速低压区，而在消力池内并未发生破坏。

1.2.2　消能建筑物破坏案例

泄洪消能防护结构出现破坏多发生在工程运行初期（工程建成前后），并且大多出现在消能工程开始投入运行的首个汛期（或首年）后。根据典型破坏工程统计情况，主要破坏原因为空蚀破坏、磨蚀破坏、冲刷和失稳破坏，施工质量不佳及不良运行方式或非正常工况运行等也是消能工失稳的重要原因。

1. 金安桥水电站

金安桥水电站 2011 年 7 月 25 日蓄水至 1 415 m，水库在 1 415～1 418 m 水位运行，单孔最大下泄流量达 2 590 m³/s，2011 年汛后抽水检查发现，消力池右侧底板及其上游侧 1∶2 斜坡部位部分范围的抗冲磨混凝土损坏，面积约为 2 600 m²，见图 1.5。

图 1.5　2011 年汛后消力池破损情况

2012 年汛后再次抽水检查发现，消力池底板破坏范围进一步扩大，新增破坏区位于消力池左侧，见图 1.6。

图 1.6　2012 年汛后消力池破损情况

2013 年 1 月对消力池底板抗冲磨混凝土损坏进行了修补，首先清除了消力池底板约 1 m 厚的抗冲磨混凝土，在底板增加预应力锚杆，表面采用 2 cm 厚的环氧砂浆进行修补，2013 年汛后对消力池底板进行水下检查录像，检查结果显示消力池底板环氧砂浆保护层修复效果较好。2014 年汛后对消力池抽干检查发现，池底与跌坎相交部位有轻度剥离，并对其进行了环氧材料修补。2016 年 4 月对消力池底板进行水下检查录像，检查结果显示消力池底板环氧砂浆保护层基本完好[1]。

2018 年 1 月 15 日，在对消力池抽水检查过程中发现，溢洪道泄槽 1∶3 斜坡段（靠近消力池部位）与消力池反坡段出现了面层 1 m 厚抗冲磨混凝土损坏。泄槽 1∶3 斜坡段损坏共计 12 块，损坏面积达 3 250 m²，而基础 C25 混凝土基本完好，仅出现了局部损坏，损坏面积约为 60 m²。

根据工程需要，2018 年汛前对溢洪道泄槽 1∶3 斜坡段破坏区域进行了局部的清理与充填，在桩号 0+283.00 m 位置设置临时锁口梁，形成了高约 1 m 的跌坎，其下游面层 1 m 厚抗冲磨混凝土未修复。2018 年汛后检查结果表明，消力池进口跌坎反弧段底板及以上部位的混凝土表面局部存在冲蚀磨损、露筋现象；锁口梁以下部位的结构缝冲蚀破坏较为明显，表面环氧砂浆修复层脱落，反弧段底板和 1∶0.75 直线段的混凝土表面局部存在冲蚀磨损、露筋等现象。

2. 五强溪水电站

五强溪水电站在施工末期施工未完善，以及在投入运行初期遭受非设计工况超标准运行，使消力池遭受破坏。

1）左消力池的破坏和修复

1995 年 6 月、7 月，沅江发生特大洪水，7 月 1 日入库最大洪峰流量达 34 000 m³/s，下泄流量为 24 800 m³/s，库水位达 106.69 m，下游水位为 67.02 m。汛后发现左消力池底板厚 1 m 的抗冲耐磨面层混凝土部分被揭去，总面积约为 11 000 m²，此外局部底板表面被磨损，局部钢筋裸露。被揭去的混凝土大部分堆积在消力池末端，体积最大的达 6 m×7 m×1 m（长×宽×深），较小的残块堆积在尾坎下游。

破坏原因分析：出于施工原因，面层 1 m 厚的混凝土与下层混凝土结合不良，1995 年 6 月洪水期间，左溢流坝尚在施工，溢流面未完全成形，工作闸门未调试完善，施工人员根据工程实际情况进行闸门操作，某些工况左消力池流态十分恶劣，甚至出现远驱水跃。

左消力池底板修复于 1996 年汛前完成，随即迎来了 1996 年 7 月特大洪水的考验，1996 年 7 月中旬，最大洪水入库流量为 43 100 m³/s（接近 100 年一遇洪水），为保护下游安全，控制下泄流量为 26 400 m³/s。本次洪水最高库水位达到了 113.26 m（相当于 5000 年一遇洪水位），超过消能设计水位 5.01 m，相应的下游水位为 67.40 m（相当于 20 年一遇洪水位），低于消能设计水位 5.89 m，同时左溢流坝表孔及底孔有多道工作闸门运转不灵，左消力池在这种超高库水位泄洪、超低下游水位消能及闸门极不均匀开启的极端恶劣条件下运行了 120 余小时，同年 12 月抽水检查发现，消力池底板完好无损。1998 年 7 月中旬最大入库流量为 34 000 m³/s，下泄流量为 23 300 m³/s 左右，1998 年 11 月进行抽水检查未发现消力池有异常情况。

2）右消力池的破坏和修复

右消力池底板混凝土于 1991 年完成。1996 年 7 月 16 日 23 时～20 日 24 时，在闸门极不均匀开启的条件下持续泄洪达 90 余小时，其中 2#表孔单孔泄流 5 300 m³/s，单宽流量达 279 m³/（s·m），导致消力池底板严重破坏，沿 2#表孔中心线形成一个顺水流向冲坑，冲坑四周岩石严重淘刷，使四周残留的消力池底板处于倒悬状态，上游点距离坝址仅 4 m，严重威胁大坝的安全。

破坏原因分析：非设计工况超标准运行，使消力池单位水体所承受的能量超过了消能建筑物的校核标准，这是消力池损坏的主要原因；工程尚未完工就遭遇特大洪水，泄洪建筑物未能正常运行，使消力池内的流态更加偏离设计流态，极为紊乱，压力分布极不均匀，对底板稳定非常不利；消力池底板的混凝土施工时，在 41.00 m 高程停留的时间过长（平均为 87 d，最长达 270 d），导致表面 1 m 厚的抗冲耐磨层与下部混凝土的结合不牢，层间易产生裂缝；基岩允许的抗冲流速为 5～6 m/s，抵抗不住高速水流的冲刷，故冲坑被进一步淘刷扩大。

右消力池修复于 1997 年汛前完成，1998 年又对该处混凝土进行补强灌浆，直至达到设计要求。1998 年 7 月沅江发生大洪水，最高库水位达到了 109.4 m，最大入库流量为 34 000 m³/s，最大出库流量为 23 300 m³/s，汛后对其进行的抽干检查未发现异常。

3. 安康水电站

安康水电站洪水峰高量大，库容较小，泄洪机会多；同时，坝址位于河流弯道，河床狭窄，岩石抗冲流速低，所以泄洪消能技术难度大。

1998 年汉江发生多次洪峰,表孔共泄洪 6 次,有 3 次 5 个表孔全开运行,上游水位在 325.55～326.86 m 变化。其中,7 月 8 日泄洪建筑物宣泄自水电站完建以来最大的一次洪水,入库最大流量为 16 800 m³/s,上游水位为 326.36 m,最大下泄流量为 13 100 m³/s,5 个表孔、4 个底孔和 1 个中孔参加泄洪。

1999 年 3 月电厂检测时发现消力池廊道漏水异常,于 4 月对消力池底板表面进行了水下电视检查,除发现尾坎内侧底部与池底板交界处有长约 40 m、深约 0.5 m 的冲坑,大多数纵横缝拉开,局部原封堵面环氧砂浆剥落和表面磨损外,未发现底板有明显的错台和较大的缺陷。1999 年底,安康水电站电厂应设计与安检单位要求,对表孔消力池再次进行抽水检查,发现 12#坝段的池 2、池 3 与 13#坝段的池 1、池 2、池 3 各块底板约有 5% 的原加固钢筋,以及 11#坝段的池 3 与 12# 和 13#坝段的池 4 各块底板的原加固锚筋出现突出混凝土表面 20～30 mm,或者虽未伸出混凝土表面但已顶破原环氧处理层的现象,被破坏的锚筋总数约有 800 根。对池底板进行表面高程变化测量、钻孔检查和外露钢筋拉拔试验,初步判断池底板抗冲面层混凝土有抬动迹象。

底板抗冲面层混凝土抬动脱开的主要原因如下:由于纵横缝收缩,缝面环氧脱落,原设置的水平止水有缺陷,作用在缝面上的动水压力传入缝内;消力池底板的面层混凝土和基础混凝土之间的结合面存在缺陷,缝面上的动水压力侵入抗冲层混凝土底面缝隙,使面层混凝土在动水压力作用下产生抬动。

防止缝面上的动水压力传至底板背面,封闭纵横缝与裂缝是关键。为尽可能减小抗冲层混凝土的活动,设置预应力锚筋是最有效的加固措施。加固处理后,表孔宽尾墩-消力池新型联合消能工又经过了几年的泄洪运行,虽然存在上述一些损坏,但整体上是安全的。

4. 陆水水库

陆水水库溢流坝及其消力池于 1966 年竣工,1967 年 5 月、6 月两次溢流共 14 d,下泄流量接近于 20 年一遇的洪水流量。虽然 5 孔都曾先后过水,但洪峰时都只通过 4 个孔溢流(按 4 孔全开、1 孔关闭方式泄洪),当堰顶以上最大水头达约 11 m 时,下泄流量为 2 560 m³/s。泄洪期间,当堰顶水头超过 6.5 m 时,观测人员在导墙及闸墩上能感觉到消力池中巨大的类似锤击的声响,在主坝廊道中则可清晰听到类似放鞭炮的声响,这种声响随库水位降低至堰上水头不足 6.5 m 后大大减弱或消失。汛后抽水检查发现,趾墩和消力墩本身均未受损,但紧接每个趾墩下游的消力池护坦表面均出现一对近乎于对称的蚀损坑,坑起点在趾墩下游 0～0.3 m 处,各对蚀损坑表面大都连成一片,总宽度不超过趾墩宽度,深度多在 1 m 以内,最大深度为 1.3 m,大部分蚀损坑内钢筋露出,甚至断裂。

为寻求消力池蚀损的真正原因和触损发生的水力学条件,长江水利委员会长江科学院开展了反演试验。在各种泄流条件下趾墩末尾的护坦上都有成对的立轴涡束,相应部位的时均压力显著降低,压力脉动强烈;减压试验中,当堰顶水头高于 7.5 m 时便能看到在趾墩末尾的护坦上出现空化云,在堰顶水头为 9.5～10.0 m 时达到最密集和强烈的程度,而在堰顶水头为 14.5 m(设计泄洪条件)时空化云转趋薄弱,当堰顶水头降到 5.5 m

以下时，上述空化云消失，这种空化云在护坦上的位置与模型上看到的立轴涡束位置及原型蚀损坑的位置是一致的；另外，模型护坦上立轴涡束部位的最低瞬时负压换算至原型已超过极限值。研究表明，在消力池趾墩后出现的护坦蚀损系由空化引起，由趾墩后形成立轴涡束到出现水流空化现象，有一定的水头、流速和水深条件。

趾墩过流时形成的马蹄形立轴涡束是护坦空蚀破坏的原因，要避免陆水水库消力池首的空蚀，在研究免除护坦蚀损的各种局部优化方案时都把消除马蹄形立轴涡束作为主要目标。综合考虑防止空蚀和尽量不降低消能功效的要求，从便利施工、节约工程量出发，采用了趾墩间填混凝土形成差动坎台的方案；另外，为改善左导墙侧角产生漏斗漩涡的水流条件，在左导墙起始端增加一个三角形截面的贴角；为防止差动坎坎唇蚀损，将坎唇用角钢包固。

1.2.3　泄洪诱发场地振动、低频声波案例

有多个已建工程有泄洪诱发场地振动、低频声波的现象，严重时可使附近建筑物遭受破坏，引起人畜不适。

1. 金安桥水电站

结合金安桥水电站现场实际情况，泄洪诱发场地振动测试于 2016 年 7 月 25 日～8 月 25 日完成，共进行了 15 种工况的测试。泄洪诱发低频声波的观测于 2017 年 8 月完成，采用双通道同步观测空气中的声波和水下声波，共布置了 14 个观测点，进行了 11 种工况的测试。

对比坝体不泄水与泄水时的振动位移时程图和频谱图认为，大坝泄洪过程对坝区范围内的场地振动影响不大。各工况下坝区测点传感器所测振动位移的均方根基本在 0.5 μm 左右；各测点的主频值基本分布在 10～15 Hz，测试过程中出现的主频符合水轮发电机组额定转频的八倍频、九倍频，现场测到的振动可能与厂房振动有关。经观测，坝区范围内多处门、窗等结构的振动及主厂房内的屋顶振动产生的"二次噪声"在坝身不泄洪（仅水轮发点机组过水）时均消失。

对比坝体不泄水与泄水时的低频声波时程图和频谱图认为，大坝泄洪过程中产生了低频声波。大坝泄洪诱发低频声波与泄洪流量、开孔数量、开孔方式有关，低频声波的均方根随泄洪流量的增大而增大；当泄洪流量相近时，开孔数量越多，下泄水流越平顺，低频声波的均方根越小；当开孔数量相同时，连续开孔的方式更有助于减小泄洪诱发的低频声波；此外，低频声波主频随流量的增大而增大，总体呈减小趋势。

测试中发现，结构振动量与大坝泄水流量、泄水方式有很大关系，实测中发现，在闸门开始放水到全部打开（稳定）这一不稳定阶段（时间为 15～30 min）内，泄流引发的振动响应更大。根据大坝左坝肩的测试分析，不稳定阶段的振动最大值为稳定值的 1.2～1.5 倍。

2. 官地水电站

官地水电站为典型的高坝泄洪、底流消能的布置形式，具有水头高、泄量大、泄洪消能水力条件与消力池工作条件和破坏机理复杂的特点。为提高官地水电站消能建筑物的运行安全性和可靠性，对官地水电站汛期消力池底板的运行状态进行实时监测和安全评价[3]。

监测表明：消力池底板的随机振动为低频振动，振动的概率分布基本符合正态分布，受激振动的振型阶数较多，能量集中的频带较窄，主要为 0～2 Hz；优势频率明显，汛期监测时典型工况下底板振动的优势频率为 0.6～1.4 Hz；对于本工程，正常状态的优势频率需大于 0.35 Hz，异常状态的优势频率为 0.2～0.35 Hz，险情状态的优势频率低于 0.2 Hz。消力池底板正常振动振幅的均方根为 0～8 μm，双倍幅值为 0～50 μm；对于本工程，正常振动振幅的均方根范围是 0～20 μm，20～60 μm 范围归于异常状态，大于 60 μm 归于险情状态；偏差系数正常状态为-0.5～0.5，峰度系数正常状态为 2～4，振幅比系数正常状态应小于 1.5，最大振幅取值的正常范围为 2～4。

底板测点振动的双倍幅值与均方根的统计结果显示，增加表孔的开孔数目能显著降低下泄水流对底板的冲击和振动，位于消力池前半部分、靠近坝前的 2#（桩号 0+149 m）～21#测点（桩号 0+195 m）区域受开孔方式（表孔开孔数目）的影响较大，而位于消力池后半部分的 24#（桩号 0+207 m）～33#测点（桩号 0+251 m）区域受开孔方式（表孔开孔数目）的影响较小。

根据数值模拟预测结果，在校核工况和设计工况下，底板振动位移均方根的最大值在 18 μm 左右，振动的优势频率在 0.5 Hz 以下，属于低频振动，振动最为强烈的是位于消力池前端的板块。在大流量泄洪时应注意重点监控这些区域底板的振动情况。

1.2.4　泄洪雾化案例

泄洪雾化现象是指在水电工程泄洪建筑物泄流过程中，枢纽下游局部区域内所产生的降雨和雾流现象。泄洪雾化的危害主要有以下几个方面：①降雨积水可能影响电厂的正常运行；②影响机电设备的正常运行；③冲蚀地表，破坏植被；④影响两岸交通；⑤影响周围工作和居住环境；⑥危害岸坡稳定，诱发滑坡。

1. 江垭水利枢纽

混凝土重力坝溢流前缘仅长 88.0 m，最大坝高达 131 m，其泄洪最大单宽流量超过 180 m³/(s·m)。长江水利委员会长江科学院受湖南澧水流域水利水电开发有限责任公司委托于 2001～2002 年汛期开展了大坝水力学原型观测。总体上来看，江垭水利枢纽泄洪雾化浓雾区主要分布在水舌溅落区的两侧岸坡及下游河床上空，大坝泄量越大，空中水雾浓度越高；在浓雾空间分布上，从低空到高空，雾浓度逐渐减小；从水舌溅落区开始，由近至远或由两岸坡脚至两岸上坝公路，雾浓度沿程衰减。

在 7 种泄洪工况下，坝顶、右岸开关站、左岸拌和楼平台、坝下桥等处降雨量基本为零，未受到泄洪雾化的明显影响；大于 10 mm/h 的强降雨区分布于距坝轴线约 600 m 以内的左右岸坡或公路，1 mm/h 以下的降雨最远可延伸至距坝轴线 1000 m 的坝下桥附近；在 I、II 级降雨强度区（200 mm/h 以上），暴雨倾盆，狂风大作，飞沙走石，浓雾密布，在泄量最大工况（下泄流量为 3580 m³/s，中孔全开，表孔均匀控泄 3 m）下，在温泉房顶部测量的最大降雨强度达 2314.7 mm/h，设置在该部位的钢制雨量桶尽管采用地脚螺丝固定于地面，仍被风雨卷走；处于 II 级降雨强度区的导流洞出口下游山坡的风化岩段出现坍塌，右岸 6#冲沟附近的土坡出现坍塌。

2. 黄龙滩水电站

黄龙滩水电站在 1980 年 6 月 24 日泄洪时，洪峰流量为 11300 m³/s，约为 50 年一遇，历时 33 h，水舌经差动鼻坎射向空中，水雾密集，水舌入水点在厂房附近，由于未充分考虑泄洪雾化影响，厂房基本被强降雨笼罩，厂房被淹，厂内电机室水深达 3.9 m，停止发电 49 d，少发电 2×10⁸ kW·h。雾化防护工程措施：①加强洪水预报，通过调度优化泄流方式；②在厂房前修建挡水门，泄洪时关闭。

3. 白山水电站

1983 年施工期间，水位为 367.8 m，3 个深孔泄洪，雾化影响到坝下约 350 m，泄流水舌下方水雾风速达 17~22.4 m/s，雾流爬高约 80 m，在坝下 52 m 处，测得最大降雨强度为 404 mm/h；地下厂房进水，开关站、22×10⁴ V 电缆有放电火花。

1986 年，库水位曾达到 416.5 m，最大流量为 2100 m³/s，高程为 323.50 m 的右岸开关站发现 70 余块飞石，块径为 0.01~0.03 m，315.00 m 高程面上块石更多，块径最大达 0.10 m，将电器设备砸坏 10 余处，临时建筑物倒塌，溅流将右岸 303.50 m 高程平面上的重物冲走，岸坡局部被掏空。

4. 刘家峡水电站

左岸溢洪道泄洪时，右岸形成强降雨区，使进厂交通通道受阻，为此特修筑 200 m 防雾廊道；右岸 22×10⁴ V 出线洞洞口降雨强度达 600 mm/h，使输电设备多次跳闸。右洞放水，在左岸山头形成强降雨区，雾流升腾高度达百米以上，山谷汇流如小川瀑布，左岸 33×10⁴ V 出线洞洞口降雨强度达 659 mm/h，泄洪雾化结冰，曾迫使电厂停电，为此又建造了备用线路，有风影响时水雾飘散至 500 m 以外，冬季路面结冰，影响交通。

1.3　泄洪运行安全必要性

我国在特大水利枢纽建设方面取得了举世瞩目的成就，近 20 年来我国在高水头、大流量、窄河谷的泄洪消能技术方面取得了长足进步，以天津大学、四川大学、中国水利水电科学研究院、长江水利委员会长江科学院、南京水利科学研究院的工作最具代表性，总体居世界领先水平。但是，我国仍应加强特大水利枢纽调控与安全运行技术领域的研究，以满足特大水利枢纽长期安全运行的需求。

本书针对泄洪建筑物的安全，依托向家坝、金安桥、三峡、旭龙、乌东德等大型工程的物理模型系统揭示泄洪建筑物运行中出现的不安全水力特性的演化规律；在锦屏一级水电站泄流运行闸门动力学原型观测时首次发现高坝坝身中孔闸门泄洪诱发表孔闸门激振的伴生振动现象，结合坝体-闸门耦联体系动力学理论模型，阐明闸门群伴生振动机理；在高水头泄流条件下，揭示泄洪洞事故闸门动水闭门过程的爬振特性，探明其影响因素，发现爬振发生的临界条件，并提出抑振、减振措施。

针对泄洪消能安全，进行减轻向家坝等工程跌坎消力池池底脉动压力、减轻构皮滩等工程水垫塘护底冲击压力或不护底河底冲刷、减轻三峡等工程下游基岩冲刷的不同枢纽的泄洪调控方式研究。

针对向家坝、金安桥等工程泄洪诱发结构振动和场地振动、低频声波情况，揭示泄洪诱发场地振动机理，研发场地振动预测方法，分析整理出不同工况的影响因素及贡献度，进行减弱其影响的调控方式研究；针对水布垭、构皮滩、纳子峡等工程泄洪雾化影响情况，揭示泄洪雾化雾源量影响因素及分布规律，开发泄洪雾化复合预测技术，实施相应的泄洪调控方式，减轻重点防护部位的雾化危害。

总结已有的泄洪建筑物的安全监控手段及各方面的监控方法，提出安全监控及实时预警体系指标，提出四级分级预警指标阈值。在分析向家坝、官地、二滩、锦屏一级、溪洛渡等多个工程的泄洪安全实时监控与预警资料的基础上，建立适用于不同消能形式的安全快速智能评估技术体系，构建基于枢纽调度信息、安全监测数据，综合考虑泄洪建筑物、消能建筑物和其他相关建筑物泄洪安全的快速智能评估模型，建立耦合泄洪诱发振动安全流量约束的水电站泄洪优化调控模型，利用该模型可得到最优的泄洪调控方案，经向家坝水电站实例验证，其为解决泄洪诱发的振动安全问题提供可行途径。

在分析多个工程泄洪安全实时监控与预警资料的基础上，广泛调研及总结相关工程实施效果，结合原型观测实际，遴选出可用于监测工程流速、压力、水位、掺气、超大降雨量等水力学参数的仪器，建立一套可根据流量、流速、压力、水位等各参数设定值进行非恒定操作的实时监控系统，构建了完整的泄水系统消能防护、空蚀、雾化、振动、低频声波等控制要素的安全监测、诊断和分级预警技术体系，研发枢纽泄洪运行安全实时调控技术集成系统，完善与改进枢纽运行方式，大大降低了特大水利枢纽泄洪运行的安全隐患，消减水利枢纽运行中泄洪雾化、泄洪场地振动和低频声波的危害，保障泄洪运行安全。

第 2 章

泄洪建筑物泄洪安全及调控方式

在高水头泄洪建筑物运行过程中，特殊情况下，进口出现的漏斗漩涡、泄槽内出现的高速水流大尺度紊动或折冲水流将引起水流波动，或者冲击边壁、顶板或其他建筑物，局部位置发生的空化空蚀、结构流激振动等将引起建筑物自身结构的破坏等，针对此类泄洪安全问题，开展工程现场跟踪监测和模型复演。针对长江上中游已建的特大水利枢纽泄洪运行中可能出现的危及泄洪运行安全的不良水力现象，通过完善与改进枢纽运行方式减少不良水流流态发生频次，减轻泄洪建筑物振动振幅，避免空蚀等。

2.1　枢纽上下游特殊水流现象

2.1.1　高速水流紊动喷溅

三峡水利枢纽观测成果表明,深孔在 165 m 水位以下运行状况良好。在 2008 年 11 月试验性蓄水过程中,深孔在泄洪运行过程中出现了一些不利水流现象,如深孔在 172 m 水位泄洪时,在部分调度运行工况下,深孔明流泄槽内水流不稳定,水流紊动喷溅,曾出现水舌冲击底孔泵房(深孔泄槽上方,高程为 94.00 m)现象,并伴有轰鸣声,坝体也出现间歇性振动,上游个别深孔进口前缘水域有间歇性漏斗漩涡出现。之后对底孔闸门启闭机泵房进行了全部拆除。2014 年 11 月,在 174 m 库水位条件下,深孔明流泄槽内水体仍然上下摆动,反弧段水体有阵发性的喷溅现象,坝体出现间歇性振动;深孔进口前水域也间歇性出现漏斗漩涡。

针对 170 m 以上高水位深孔泄洪时发生的明流泄槽水体喷溅、坝体间歇性振动及进水口前出现漩涡等现象,探究泄洪建筑物产生不良水流流态的关键影响因素及调控响应特性,提出可减少不良水流流态出现频次或减弱其强度的安全枢纽调度方式[4]。

1. 深孔泄槽水流特性

1)挑坎水舌紊动流态

深孔水流出有压段后,泄槽两侧水流表面自掺气开始发生,形成表面掺气水流及水翅;过掺气跌坎后水流上下表面均形成一定厚度的掺气水流层,并随主体水流运行至泄槽出口附近。闸门全开条件下,明槽段水流流态如图 2.1 所示,掺气跌坎水舌在反弧段附近冲击泄槽底板,跌坎底空腔存在不同程度的回水现象,空腔回水间歇性前后摆动,同时泄槽表面掺气水体及水翅裂散明显,泄槽后段水体紊动强烈,水面出现阵发性的抬升现象。

　　　　(a)水体未喷溅　　　　　　　　　　　　　(b)水体喷溅

图 2.1　典型深孔泄槽过流流态

随着库水位的升高,深孔泄洪能量增加,泄槽内水面高程总体升高,水面波动幅度增大。在明槽段桩号 0+65～0+80 m 范围及出口桩号 0+105 m 部位水面波动较大。在 175 m 库水位条件下,桩号 0+65～0+80 m 范围的最大水面波动幅值为 6.5 m,达平均水深的 58%(水面波动率),波动均方根为 0.9 m,而 165 m 库水位条件下的最大水面波动幅值为

3.6 m，为平均水深的 40%，波动均方根为 0.5 m；在出口桩号 0+105 m 处，175 m 库水位条件下的最大水面波动幅值达 12.2 m，达到平均水深的 106%，波动均方根为 1.3 m，而 165 m 库水位条件下的最大水面波动幅值为 7.1 m，为平均水深的 64%，波动均方根为 1.0 m。综上所述，库水位越高，泄槽水面波动率越大。试验数据见表 2.1。

表 2.1　明槽段水面高程特征值

工况	桩号/m	最大值/m	最小值/m	平均值/m	标准差/m	水面波动幅值/m	水面波动率/%
165 m 库水位	0+105	96.2	89.1	91.0	1.0	7.1	64
	0+95	91.0	86.8	87.6	0.6	4.2	38
	0+85	88.1	84.3	85.5	0.6	3.8	40
	0+80	87.7	84.1	85.2	0.4	3.6	40
	0+75	89.1	85.8	87.0	0.5	3.3	35
	0+65	92.6	89.5	90.7	0.5	3.1	29
	0+55	95.4	93.1	94.0	0.4	2.3	20
	0+45	97.4	95.5	96.5	0.3	1.9	16
	0+35	99.2	97.8	98.4	0.3	1.4	13
175 m 库水位	0+105	101.4	89.2	91.4	1.3	12.2	106
	0+95	92.9	86.8	87.9	0.6	6.1	53
	0+85	91.4	85.3	86.6	0.5	6.1	55
	0+80	92.3	85.8	87.3	0.9	6.5	58
	0+75	93.1	87.0	89.0	0.9	6.1	52
	0+65	94.8	90.7	92.1	0.9	4.1	34
	0+55	97.2	93.2	94.7	0.7	4.0	32
	0+45	98.0	96.0	96.8	0.4	2.0	17
	0+35	98.7	97.3	98.1	0.3	1.4	13

2）底部空腔紊动特性

通过高速相机及处理软件对回水距离、空腔长度两个特征参数随时间的变化规律进行了数字化处理，并且进行均值、波动幅值（最大值-最小值）及波动率[（最大值-最小值）/均值]的统计分析。其中，回水距离 L_1 指的是回水点距跌坎（桩号 0+25 m）的水平距离，空腔长度 L_2 指的是最远空腔距跌坎（桩号 0+25 m）的水平距离，试验数据见表 2.2。

表 2.2　各级水位条件下空腔紊动特性

空腔特性		165 m 库水位	175 m 库水位
回水桩号/m	最小	0+35	0+25
	最大	0+48	0+46
回水距离 L_1/m	最小	10	0
	最大	23	21
	均值	17	12
	波动幅值	13	21
回水距离波动率/%		76	175
空腔末端桩号	最小	0+45	0+40
	最大	0+50	0+52
空腔长度 L_2/m	最小	20	15
	最大	25	27
	均值	23	21
	波动幅值	5	12
空腔长度波动率/%		22	57

在 165 m 库水位泄洪时，跌坎空腔内回水现象不明显；在 175 m 库水位泄洪时，空腔回水可回溯至跌坎起点，底空腔间歇性被回水充满甚至消失。

随着库水位的升高，空腔回水现象逐渐加剧，有效空腔长度减小。相比于 165 m 库水位条件，175 m 库水位时空腔回水现象更加严重，回水距离波动幅值由 13 m 增加至 21 m 左右，增加了 0.6 倍，波动率增加了 1.3 倍；空腔长度波动幅值由 5 m 增加至 12 m，增加了 1.4 倍，波动率增加了 1.6 倍。综上所述，随着库水位的升高，空腔回水趋近于跌坎，空腔长度逐渐减小，回水距离及空腔长度的波动幅值均增大。

3）壁面压力紊动特性

（1）底板压力紊动特性。跌坎下游底板的水力特性与跌坎后水流流态及明槽体型密切相关。跌坎下游空腔内底部呈现较小负压和不大的正压；跌坎水舌内缘冲击点附近表现出不明显的压力升高，紧接其后的反弧底板则呈现较大的压力升高现象，试验数据见表 2.3。跌坎水舌冲击区的水流紊动强度随着库水位的增加呈增大趋势，175 m 库水位条件下底板最大脉动压力约为 165 m 库水位条件下的 1.5 倍，最大脉动压力发生在桩号 0+85.09～0+91.09 m 处，最大值为 6.0×9.8 kPa。175 m 库水位条件下，水舌冲击区附近（桩号 0+65～0+90 m）底板瞬时最大压力达 56.4×9.8 kPa，底板瞬时最小压力为 18.5×9.8 kPa，压力波动幅值达 37.9×9.8 kPa。

表 2.3　水舌冲击区附近底板瞬时压力特征值

库水位/m	底板瞬时最大压力/（9.8 kPa）	底板瞬时最小压力/（9.8 kPa）	压力波动幅值/（9.8 kPa）
175	56.4	18.5	37.9
172	53.6	21.4	32.2
165	47.2	22.2	25.0

　　（2）侧墙压力紊动特性。随着库水位的升高、深孔泄洪能量的增加，侧墙压力也呈增大趋势，分布规律与底板基本一致，压力均值较底板压力有所降低，最大压力部位较底部上移 5～10 m。在跌坎下游 20 m 范围内的侧壁呈现较小的正压。在反弧起挑点桩号 0+75 m 之后，侧壁压力逐渐增大，距底板 4 m 的侧墙最大时均压力约为 30.0×9.8 kPa，位于反弧段桩号 0+85.09～0+91.09 m 处，如图 2.2 所示。

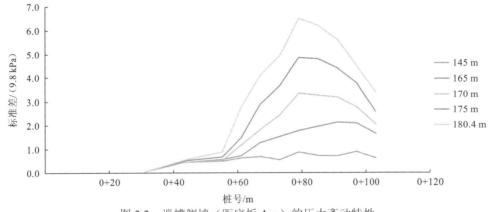

图 2.2　泄槽侧墙（距底板 4 m）的压力紊动特性

　　对脉动压力均方根资料分析可知，侧墙脉动压力紊动同样随着水位的增加而增大，175 m 库水位条件下侧墙最大脉动压力约为 165 m 库水位条件下的 2.7 倍。从部位上看，靠近底部的侧墙壁面的压力紊动较大，沿程的规律表现为跌坎后 32 m 之后水流紊动逐渐增大，一般在侧墙桩号 0+85.09 m 位置的测点脉动压力达到最大值。175 m 库水位条件下，水舌冲击区附近（桩号 0+65～0+90 m）侧墙瞬时最大压力达 44.6×9.8 kPa，侧墙瞬时最小压力为 2.7×9.8 kPa，压力波动幅值达 41.9×9.8 kPa，175 m 库水位条件下水舌冲击区附近侧墙压力波动幅值约为 165 m 库水位条件下的 2.0 倍，见表 2.4。

表 2.4　水舌冲击区附近侧墙瞬时压力特征值

库水位/m	侧墙瞬时最大压力/（9.8 kPa）	侧墙瞬时最小压力/（9.8 kPa）	压力波动幅值/（9.8 kPa）
175	44.6	2.7	41.9
172	38.6	7.1	31.5
165	31.6	10.9	20.7

4）紊动喷溅不利流态随进流条件的变化规律

深孔斜向 15°进流对跌坎底空腔的形态及回水摆动特性造成了一定的影响。

与正向进流相比，斜向 15°甚至更大角度进流增大了水舌内缘的摆动，空腔长度有一定的增大，空腔内回水减少，但空腔回水的摆动幅度有一定的增大。由于泄槽水面高程整体抬升，以及水面波动增强，在 170 m 及以上库水位时，泄槽水面稳定性较差，偶尔产生泄槽水流折冲现象，水翅间歇性溅击较高。

在 175 m 库水位条件下，与正向进流相比，斜向 15°进流时，空腔长度波动幅值由 12 m 增加至 15 m，增大 25%，回水距离波动幅值由 21 m 增加至 27 m，增大 29%。斜向 45°进流进一步增大了底空腔水舌内缘的摆动，空腔长度及回水距离的波动幅值明显加剧，同时空腔长度的绝对值增大。随着库水位的升高，同样存在回水距离波动幅值增大的趋势。

在 175 m 库水位条件下，深孔斜向 15°进流时泄槽底板压力波动幅值是正向进流时的 1.2 倍，深孔斜向 45°进流时水舌冲击区底板压力波动幅值是正向进流的 1.8 倍。

在 175 m 库水位条件下，深孔斜向 15°进流时泄槽侧墙压力波动幅值是正向进流时的 1.1 倍，深孔斜向 45°进流时水舌冲击区侧墙压力波动幅值是正向进流时的 1.5 倍。

在 175 m 库水位条件下，深孔斜向 15°进流时，深孔泄槽反弧段的压力最大变幅达 47×9.8 kPa，是正向进流的 1.2 倍。深孔斜向 45°进流时，测点压力最大变幅达 67.7×9.8 kPa，为正向进流时的 1.8 倍。

分析认为，深孔非对称进流、掺气底空腔长度及空腔内回水的大幅摆动等都是泄槽水流紊动加剧、水面间歇性向上抬升及喷溅的诱因。

2. 深孔坝前流场及漩涡形成条件

通过数值计算得到上游河道来流流场，获取坝前区域边界条件，再将边界条件赋予坝前局部模型，分析坝前流场及漩涡情况。模型范围：上游河道延伸至大坝上游约 14 km 处，采用单向流模型进行计算，上游入口边界条件设置为流量入口。坝前局部模型包含了坝体所有深孔、表孔及地形线，模型范围延伸至上游 235 m 左右。

（1）通过水库蓄水期 170 m 库水位以上的坝前流场及漩涡的数值计算，分析上游流场的形成机理：近坝前的漩流及漩涡是由上游来流的非正向和深孔泄洪引流共同作用形成的，并且与泄洪深孔进口附近局部入流条件有关；上游流场和深孔进口前水域侧向流动越明显，漩流及漩涡就越容易形成。但从坝前不同水体高程截面的流场云图来看，漩流强度较大的区间一般在高程 130.00~150.00 m 处，在高程 120.00 m 以下的水体中漩流强度均较小，表面漩流或漩涡难以影响深孔进流。

（2）左岸电厂运行可以减缓大坝上游来流总体右倾的趋势，使泄洪坝段的来流方向更垂直于大坝轴线，有利于抑制漩涡的形成；左岸电厂机组数量开启越多，坝前上游来流右倾趋势就越不明显，对抑制漩涡越有利。右岸电厂运行将加剧大坝上游来流右倾的趋势，增大坝前水体的漩流强度和漩涡出现的概率；右岸电厂机组开启越多，坝前漩流或漩涡就越容易形成。

（3）当深孔开启数量多于 9 孔，泄洪坝段下泄流量约为 18 000 m³/s 时，泄洪坝段上游来流的总体方向基本趋于正向，坝前水流的侧向流动明显减弱，漩流和漩涡也不易形成。当深孔开启数量不多于 5 孔时，在泄洪坝段左侧开启深孔，且间隔 1 孔运行要比在全坝段均匀分散开启深孔运行的上游来流条件要好一些，深孔坝前整体流场较为均匀，漩流现象不明显，但此时要注意下游的消能防冲问题。

（4）深孔泄槽因进口斜向进流夹角较大会产生不利的水流现象；为减小深孔斜向进流夹角、消除坝前漩涡，建议在 170 m 及以上库水位运行时采用先表孔后深孔的泄洪调度方式。在先表孔后深孔的总体调度原则下，当先开启的表孔泄洪流量达到 10 000 m³/s 时，如还需要增大下泄流量，在继续开启其他表孔泄洪的同时，可适时开启部分深孔进行泄洪，此时深孔前的进流方向与深孔中心线的夹角基本小于 13°，有利于深孔明流泄槽水流表面的稳定性。

（5）在 170 m 及以上库水位、深孔泄洪条件下，如坝前水域出现漩涡流态，在出现漩涡的附近位置增开表孔泄流，可以消减坝前表层水体的漩涡流态。

3. 泄洪调度优化方案研究

通过汛期大流量时深孔和表孔开启次序优化研究，以及水库蓄水期 170 m 以上库水位泄洪调度运行优化试验研究，提出的泄洪调度运行原则如下。

（1）枢纽深孔和表孔泄洪应严格按照均匀、间隔、对称的原则操作运行；泄洪孔应采用单孔闸门全开或全关的运用方式，避免采用闸门局部开启方式泄洪。

（2）蓄水期库水位为 170～175 m 时，进行优先开启表孔泄洪调度工况的试验研究。在满足发电需求的前提下，优先开启表孔泄洪，坝前水流流态较优，坝前无漩涡。坝下整体流态较好，水流分布较均匀，下游河道右岸的近岸流速减小。先表孔方式的下游冲刷是安全的。蓄水期库水位 170 m 以上表孔优先开启是可行的。

（3）根据 170 m 以上库水位泄洪调度优化方案试验成果，结合坝前数值仿真分析成果、深孔泄槽水流特性研究成果及水工整体模型坝下冲刷试验成果，发现先开启表孔泄洪，流量达到 10 000 m³/s 之后，再开启深孔及剩余的表孔泄洪，其深孔泄槽水流特性较好，坝下河床冲刷也满足安全运行要求。

（4）当宣泄大流量洪水时，必须严格禁止深孔和表孔集中在某一区域开启或非对称开启闸孔的泄洪运行方式，以避免坝下高度集中的主流对左导墙、下游护坦、防冲墙、下游纵向围堰及右岸护岸工程等产生有害的影响。

2.1.2　溢流表孔进口漩涡

针对向家坝水电站表孔局部开启运行时出现的闸室漩涡及闸门振动现象，通过原型观测、数值计算和大比尺水工整体模型模拟，揭示了表孔闸室漩涡主要与向家坝水电站上游河道河势和大坝泄洪轴线的较大夹角、泄洪及水电站建筑物布置于右岸一侧从而形成的斜向进流条件、表孔宽扁形闸墩体型等有关。在无法改变已建工程布置及体型的条件下，通过优化泄洪调度方式，左区优先运行，或者增加表孔运行孔数，或者增大中孔闸门开度，都将减弱表孔闸首前的漩涡强度；结合消涡浮排、透水式弧形闸墩等工程措施，可有效降低有害漩涡级别，提升安全泄洪的流量 1 倍以上。

1. 漩涡产生机理

库区坝前流线分布：库区河道的深泓线在河道偏左侧的位置，向家坝坝体及泄洪建筑物与河床成 20°～30° 夹角，另外泄洪建筑物主要集中在坝体右侧，所以坝前整个流场的主流与各孔泄洪轴线均形成较大夹角，这是闸室前横向绕流和漩涡产生的重要原因。

闸室流线分布规律：闸墩处的横向绕流比较严重。来流与闸孔泄洪轴线夹角较大，在闸室靠左边位置产生了明显的强漩流并一直向水下延伸，是典型的立轴漩涡，另外在两侧检修门槽内也形成了立轴漩涡，说明漩涡与来流方向有关。

闸室流速流场分布：某些工况左侧闸墩边的横向绕流最大流速可达 2.0 m/s，来流与泄洪轴线夹角较大，产生了明显的强漩流流态，漩涡处最大流速可达 1.5 m/s；某些工况在闸室靠左边位置产生了明显的强漩流流态，漩涡处最大流速达 2.8 m/s。

水体卷气掺气率分布：闸内左侧漩涡向水下发展，在水面下也产生了相应的较高浓度的掺气区域，表现为明显的吸气型立轴漩涡。另外，检修门槽内也有大量卷吸气的现象。

涡量分布规律：在闸墩绕流区域和漩涡发生的位置出现了更大的涡量分布区域。平面上在 7#～12# 表孔闸室闸墩右侧出现了更大的涡量集中的区域，在表孔闸室检修门槽内存在反向涡量。

涡量产生机理：向家坝右区表孔单独开启工况下，右区表孔特别是 7# 表孔进流区域产生了强烈的横向绕流。这股从左侧横向（或斜向）汇入的来流，使右区表孔，特别是 7# 表孔附近的水流的结构复杂，流动环量加大，促进立轴漩涡的形成和发展。

2. 漩涡形成条件

综合闸首漩涡特性、上游河道流场及近坝区表面流场试验资料，漩涡形成条件如下。

（1）上游河道水流顺应河势，先天性地与泄洪孔轴线存在 30°～50° 的较大夹角。

（2）泄洪建筑物布置偏向右侧，加大了闸孔泄洪时闸前的斜流强度，尤其是表中孔、水电站集中于右侧运行时，表孔进闸水流斜向进流现象更加严重，加剧了漩涡的形成。

（3）表孔闸墩采用小圆弧衔接的宽平型闸墩，其闸前进口绕流现象较为严重，加剧了闸首的漩涡现象。相对而言，1# 闸孔左侧采用大圆弧流线形闸墩，出现漩涡的概率将大大减小。

（4）随着泄洪流量的增大，表孔闸门开启高度增加，闸门淹没度减小，漩涡强度增大。

物理模型流态及数值计算流线示意图见图 2.3。

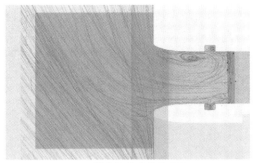

（a）物理模型流态　　　　　　　　　　（b）数值计算流线示意图

图 2.3　大比尺物理模型闸首漩涡形成条件分析

3. 溢流表孔进口漩涡调控效果

在依据现行调度规程的前提下，表孔进口漩涡的特性如下：当 8 000 m^3/s 流量采用 6 个表孔均匀控泄 2 m，9 500 m^3/s 流量采用 5 个中孔均匀控泄 2 m、6 个表孔均匀控泄 3 m，11 000 m^3/s 流量采用 5 个中孔均匀控泄 3 m、12 个表孔均匀控泄 2.5 m 时，其边表孔进口将产生 2 型以下无害漩涡；当 15 000 m^3/s 流量采用 10 个中孔均匀控泄 3 m、12 个表孔均匀控泄 4.5 m 时，其边表孔进口将形成 4 型挟物型漩涡；当 17 500～20 000 m^3/s 流量采用 10 个中孔均匀控泄 3.5 m、12 个表孔均匀控泄 5.5～8 m 时，多数表孔进口前将形成 5 型、6 型有害漩涡。

由于向家坝水电站上游河道河势与大坝泄洪轴线有较大夹角、泄洪及水电站建筑物布置于右岸一侧、受到表孔闸墩体型及现行泄洪调度规程的制约等，在出库流量为 15 000 m^3/s（其中，水电站流量为 6 400 m^3/s，泄洪流量为 8 600 m^3/s）及以下时，表孔闸首前会形成不同程度的不良漩涡；在出库流量为 15 000 m^3/s 以上时，将产生间歇式吸气有害漩涡。当采用不利的泄洪调度方式时，漩涡强度还会进一步增强。

针对原型观测中发现的有害漩涡给闸门带来的不利振动，模型研究也观测到有害漩涡对闸门面板水流脉动压力有明显的增强作用，虽然脉动压力值不是很大，最大水流脉动压力的均方根仅为 1.2×9.8 kPa，但其均方根较无漩涡情况下却增大了近 3 倍，水流脉动压力主频为 0.5 Hz。

在满足消力池消能防冲的前提下，通过优化泄洪调度方式，左区优先运行，或者增加表孔运行孔数，或者增大中孔闸门开度、减小表孔闸门开度，都将减弱表孔闸首前的漩涡强度；结合消涡浮排、优化闸墩等工程措施，可进一步达到减弱甚至消除漩涡的目的，进而减轻作用在闸门面板上的水流脉动压力及闸门的有害振动。

2.2　高速水流掺气及通气

总结目前泄洪建筑物运行的成功经验，当过流表面的流速超过 35 m/s 时，应设置掺气减蚀设施。研究表明，当水中掺气浓度达到 1%～2%时，可大大减轻固体边壁的空蚀破坏；当掺气浓度达到 5%～7%时，空蚀破坏可完全消失。掺气、通气设施的有效运行成为高速水流掺气保护的关键所在。

2.2.1　金安桥溢洪道掺气设施

1. 溢洪道的破坏原因分析

1）掺气槽水力特性分析

综合以往模型试验研究、原型观测、复演试验成果，从金安桥溢洪道的水力特性方面对溢洪道的破坏原因进行分析[1]。

（1）溢洪道坝面桩号 0+46.699～0+250.420 m 段的水流空化数为 0.2～0.3，流速大于 30 m/s，易发生空蚀破坏，需采用掺气减蚀技术。

（2）从前期科研试验结果来看，泄洪时 1#掺气坎有气体从闸墩尾掺入底空腔内；然而从复核试验结果来看，1#掺气坎空腔不稳定，掺气效果不佳。两次试验结果存在较大差异。

从原型观测中发现，闸孔下泄水流在闸墩末扩散，扩散水体基本封闭了从墩后向 1#掺气坎水舌下缘空腔补气的通道。2018 年汛后，反弧段底板和 1∶0.75 直线段混凝土表面局部存在冲蚀磨损、露筋等现象，应该与 1#掺气坎效果不佳有关。

（3）以往模型试验及复核试验均揭示，2#和 3#掺气槽存在不同程度的积水现象，提示需设置排水设施，设计也考虑设置了排水管。但是，由 2013 年和 2018 年原型泄洪观测可知，2#和 3#掺气槽积水严重，汛后检查时发现上述两个掺气槽内的积水仍然处于满水状态，说明排水管已经被封堵，它将严重影响掺气设施的效果。

溢洪道 2#掺气槽下游 1∶10 斜坡段泄槽、3#掺气槽下游 1∶3 斜坡段泄槽均发生了大面积破坏，应该与掺气槽积水严重、通气不畅、掺气效果不佳及由此引起的溢洪道流态不稳定有关。

2）掺气设施体型差异分析

对 2010 年《金安桥水电站工程蓄水验收枢纽工程设计报告第四篇水工建筑物设计》和 2007 年《溢流表孔单体水工模型试验研究报告》中提出的掺气设施推荐方案与实施方案进行对比发现，三级掺气设施布置位置及掺气槽的侧向通气孔体型尺寸均存在不同程度的差别。

其中，推荐方案中 1#掺气坎坎顶位于闸墩尾部圆弧起点处，实施方案改为下移至闸墩圆弧末端。掺气坎坎顶位于闸墩尾部圆弧起点处时，掺气坎底板和边墩壁面同时脱离水流，挑坎后墩尾处可以形成自然的补气通道；而掺气坎坎顶下移至闸墩圆弧末端时，边墩壁面比掺气坎底板先脱离水流，脱离边墩壁面的水流会产生一定的横向扩散，圆弧闸墩末端就不能形成自然的补气通道，将影响底部空腔的正常通气和稳定。

推荐方案的 2#、3#掺气槽的通气井横（侧）向通气孔高度和面积均与实施方案有一定的差别。在掺气槽没有积水的前提下，上述横向通气孔高度和面积的有限改变对通气效果基本没有影响；但在掺气槽积水严重的情况下，横向通气孔推荐方案与实施方案的尺寸差异将对通气效果产生较大影响。在 2#掺气槽积水情况下，横向通气孔推荐方案的面积理论上有 4.66 m²（没有积水时面积为 16 m²），而实施方案的横向通气孔面积理论上仅为 0.16 m²；同样，在 3#掺气槽积水情况下，横向通气孔推荐方案的面积理论上为 4.66 m²（没有积水时面积为 16 m²），而实施方案的横向通气孔面积理论上仅为 2.6 m²。原型观测数据也表明，掺气槽积水较深，2#掺气槽侧向通气孔净空进气面积为 0.2～4.6 m²；3#掺气槽侧向通气孔净空进气面积为 3.7～5.9 m²，横向通气孔面积大大缩减[1]。

总之，由于 2#、3#掺气槽积水，通气井内的横（侧）向通气孔面积显著减小，必然会影响掺气设施进气量及其空腔的稳定性，尤其是 2#掺气槽积水几乎完全封堵了侧向通气孔，掺气设施的功效几乎消失，同时还将使坎下水流的紊动增强、流态趋于不稳定。

3）泄洪调度运行影响分析

根据金安桥水电站实际调度记录，选择了溢洪道下泄 1 000～6 000 m³/s 流量的常遇工况，以及在每个流量级条件下实际遇到的最高和最低的下游河道水位条件进行分析。

在同一流量条件下，在发生水跃的桩号区间内，同一桩号位置的流速在高低下游水位条件下，其流速差可达 10～15 m/s，这是因为下游水位的较大变化引起了 1:3 斜坡段水跃发生位置的显著变化。例如，当溢洪道下泄 2 000 m³/s 流量、下游水位为 1 306 m 时，桩号 0+261 m 处为水跃漩滚区，临底流速为 10 m/s；而当溢洪道下泄 2 000 m³/s 流量、下游水位为 1 298 m 时，桩号 0+261 m 处为水跃前急流，临底流速为 25 m/s。如果溢洪道下泄 2 000 m³/s 流量，首先是在下游高水位 1 306 m 条件下运行一段时间，然后下游水位快速下降至 1 298 m，此时桩号 0+261 m 附近的底板稳定将处于不利状态；在下游高水位 1 306 m 运行一段时间后，桩号 0+261 m 附近的底板对应的扬压力较大，当下游水位快速下降至 1 298 m 时，上述位置的底板的扬压力还没有来得及释放，而底板表面上的流速却由 10 m/s 迅速增大到 25 m/s，这对该部位的底板稳定将产生不利的影响，长期这样运行，底板将发生失稳破坏。

4）消力池底板混凝土分层施工影响分析

在金安桥水电站消力池底板混凝土、锚筋桩及排水孔等实际施工过程中，除了工程进度出于各种原因延误外，施工方法及施工工艺基本按批复的方案进行实施。

消力池底板（桩号 0+318～0+498 m）自 2008 年 1 月 22 日开始第一块混凝土浇筑，施工过程中受工程核准影响，资金十分紧张，施工进度缓慢，直至 2010 年 4 月才全部完成，时间长达 27 个月之久。

消力池底板抗冲磨硅粉混凝土与基础混凝土的物理力学和热力学性能存在差异，加上两层采用分期浇筑，浇筑间隔时间较长（部分分块的间歇时间已超过两年），抗冲磨硅粉混凝土密实性能好，但收缩变形大，两种混凝土层间易存在薄弱面。

2. 溢洪道水力安全保障措施

根据上述分析，为解决泄槽面高速水流空化、空蚀问题，针对不同掺气设施目前存在的问题，提出了如下保障措施。

（1）针对表孔溢洪道 1#掺气坎与闸墩结合时，体型设置不当，墩后进气通道不畅，掺气空腔不稳定，掺气效果欠佳，提出优化闸墩体型方案，或者增设墩尾通气管，增加墩尾进气通道。

（2）针对 2#掺气槽积水严重（排水孔堵塞），导致通气井向泄槽中部补气的通道面积显著减小，掺气减蚀作用受到制约，提出如下两个方案。

方案 1：排水方案。作为临时方案，在通气井内安装抽水机抽水，减少泄洪过程中掺气槽的积水；或者在右岸山体开挖 1 条排水隧洞，及时排出 2#掺气槽的积水。

方案 2：侧向补气方案。在掺气坎位置的左右两侧边墙加折流器，增加侧向补气通道。

（3）针对 3#掺气槽积水严重（排水孔堵塞），导致通气井向泄槽中部补气的通道面积显著减小，掺气减蚀作用受到制约，提出如下两个方案。

方案 1：作为临时方案，在通气井内安装抽水机抽水，减少泄洪过程中掺气槽的积水。

方案 2：在掺气槽下游 1∶3 斜坡面开挖排水槽，减少掺气槽内的积水。排水槽高度为 1.5 m，宽度大于 1 m，越宽越好。

2.2.2　锦屏一级泄洪洞供气系统

1. 泄洪洞供气系统原型观测

锦屏一级泄洪洞封闭式供气系统由 3 条补气洞组成，通过原型观测，从风速、噪声、通风量等方面分析供气系统的通风特性，从而评价供气系统的通风效果[5]。补气洞内测点布置详见图 2.4。

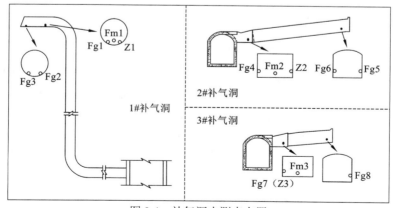

图 2.4　补气洞内测点布置

Fg 为边墙附近风速测点；Fm 为截面中心风速测点；Z 为噪声测点

1）补气洞内风速和噪声

（1）边墙附近平均风速。实测补气洞内边墙附近的平均风速结果如图 2.5 所示。边墙附近的平均风速随着来流流量的变化而变化，当泄洪洞内水流流量从 297 m³/s 增至 3 200 m³/s 时，1#～3#补气洞内边墙附近的平均风速分别为 12.3～61.1 m/s、20.1～88.6 m/s 和 17.9～80.4 m/s。当流量小于 2 130 m³/s 时，3 条补气洞边墙附近的平均风速随来流流量变化趋势相同，都随着水流流量的增大而增大。然而，当流量大于 2 130 m³/s 时，平均风速的变化趋势变得不一样：随着水流流量的增加，1#补气洞边墙附近的平均风速稍有减小，2#补气洞的平均风速基本持平，3#补气洞的平均风速仍然持续增大。

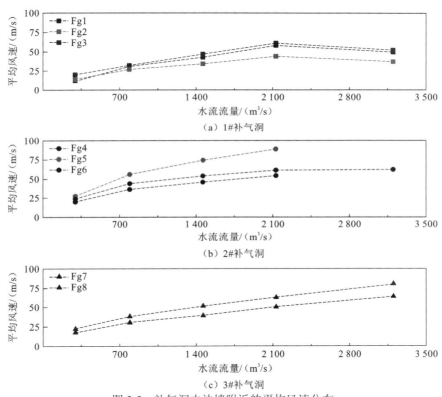

图 2.5 补气洞内边墙附近的平均风速分布

（2）截面中心脉动风速。脉动风速可用来反映洞内气流的脉动程度，脉动风速的强度通常用脉动风速的均方根来表示，实测脉动风速的均方根如图 2.6（a）所示。瞬时风速测点布置在截面中心，其时均值可作为截面中心的平均风速，瞬时风速时均值的分布如图 2.6（b）所示。随着来流流量的变化，1#、2#补气洞内的脉动风速的均方根在 2.1～5.0 m/s 变化，而 3#补气洞的脉动风速的均方根较大，最大可达 8.6 m/s。补气洞内气流的脉动程度与泄洪洞内水流的紊动程度密切相关，相对于前两条补气洞，3#补气洞的位置靠近下游，水流流速较大，水体表面紊动程度较高。可以看出，泄洪洞内的水流紊动水平越高，补气洞内的气流脉动程度越大。

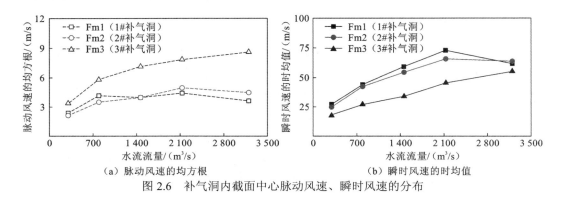

（a）脉动风速的均方根　　　　（b）瞬时风速的时均值

图 2.6　补气洞内截面中心脉动风速、瞬时风速的分布

（3）噪声。现场实测噪声的声压级与水流流量的关系如图 2.7 所示。当流量小于 2 130 m³/s 时，3 条补气洞内噪声的声压级都随着水流流量的增大而增大；但是，随着水流流量的继续增大，3#补气洞内噪声的声压级持续增加，而 1#补气洞噪声的声压级却稍有减小，这与风速随水流流量的分布趋势是一致的。当来流流量大于 791 m³/s 时，所有补气洞内噪声的声压级都超过了 100 dB，最大值可达 120 dB。人类若长期暴露在声压级超过 120 dB 的环境下，会造成瞬时听力损失，补气洞内较高的噪声水平可能会影响到周围工作人员的行为和健康。

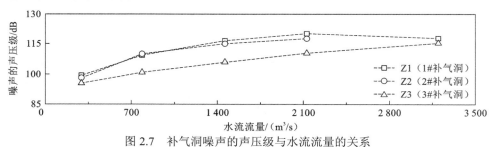

图 2.7　补气洞噪声的声压级与水流流量的关系

2）补气洞通风量

鉴于脉动风速测点更接近断面中心，采用瞬时风速的时均值来计算补气洞通风量。3 条补气洞的总通风量随着来流流量的增加而增大，但增长趋势是逐渐变缓的，各补气洞通风量随水流流量的变化趋势与其风速一致。

补气洞内风速及通风量的这种变化是由泄洪洞洞顶余幅的变化引起的。在水流拖曳力的作用下，空气由补气洞进入泄洪洞内部。一般情况下，来流流量越大，进入补气洞的空气量应该越多。但是，补气洞的供气量还受到补气洞截面和泄洪洞洞顶余幅的制约。当来流流量不是很大时，泄洪洞内的水深比较浅，此时，补气洞的供气主要受水流流量和补气洞截面尺寸的影响，洞顶余幅的影响较弱，所以当流量小于 2 130 m³/s 时，补气洞的通风量都随着流量的增大而增大。当来流流量比较大时，泄洪洞无压段的水深变大，洞顶余幅减小，虽然较大的流量可以提供较大的水流拖曳力，但是补气洞的供气会受到变窄的洞顶余幅的制约。

总体上，锦屏一级泄洪洞供气系统进气顺畅，通气效果良好。

3）通风特性理论分析方法验证

以锦屏一级泄洪洞供气系统原型观测为例，对供气系统通风特性理论分析方法进行验证。分析中暂不考虑掺气设施掺气对供气系统通风量的影响。泄洪洞内沿程水深及水流流速采用物理模型试验结果；局部阻力系数可根据泄洪洞和各补气洞的几何尺寸确定，查莫迪图知沿程阻力系数大致为 0.01～0.02，取中间值 0.015。锦屏一级泄洪洞不同来流情况下的补气洞风速理论分析结果如图 2.8 所示。可以看出，理论计算结果较原型观测值更为集中，但总体上差异不是很大，比较接近，理论计算值大致是原型观测值的 74%～114%，在计算范围内，计算结果与原型观测结果的平均相对误差为 13%。理论计算风速与原型观测风速随水流流量的变化规律基本一致。图 2.8 中还列出了按照罗慧远经验公式选取拖曳力系数时的补气洞计算风速，很明显，这种取值方法的计算结果要比原型观测结果小得多。

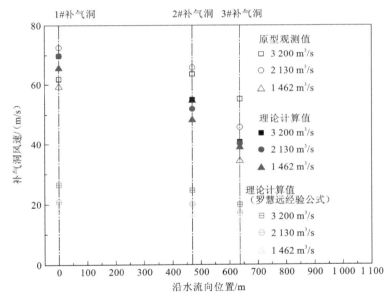

图 2.8　补气洞内风速理论分析结果与原型观测结果对比

根据补气洞实测风速、补气洞面积及泄洪洞内沿程水流深度可以计算得到泄洪洞洞顶余幅内沿程的实际平均风速，将其绘制于图 2.9 中用于与理论分析结果进行比较，同时绘制出泄洪洞内沿程水流流速。通过对比发现，理论分析得到的洞顶余幅内风速的沿程变化规律与实际风速的变化规律整体上是一致的，在补气洞位置由于气流汇入作用风速会突然增大，在补气洞间风速沿程变化的剧烈程度与流速变化的剧烈程度保持一致。在数值上，理论分析结果与实际结果虽然存在着一定的差异，但基本在同一量级。

不同来流情况下，补气洞末端气压及泄洪洞洞顶余幅内气压分布理论分析结果如图 2.10 所示。最大负压出现在泄洪洞明流段首部，沿顺水流方向，整体呈逐步回升趋势，在泄洪洞出口位置回升至大气压。在补气洞后断面位置，由于气流汇入、风速增大，出现了气压陡跌现象。理论分析结果还表明，泄洪洞内的最大负压会随着水流流量的减小而略微降低，相比较而言变化幅度不大，泄洪洞内的最大负压都在-7 kPa 左右。

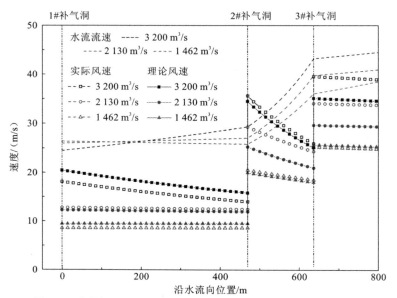

图 2.9　泄洪洞洞顶余幅内风速理论分析结果与实际结果的对比

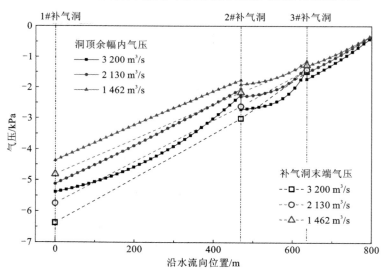

图 2.10　补气洞末端气压及泄洪洞洞顶余幅内气压分布理论分析结果

3 条补气洞末端气压的理论分析结果显示，不同下泄流量工况下，1#补气洞末端负压值均大于泄洪洞明流段首部负压值，这与气流从面积较小的补气洞进入面积较大的泄洪洞空间后流速下降，引起气压回升有关。但对于 2#、3#补气洞，不同下泄流量工况下，补气洞末端负压并不一定总大于对应位置泄洪洞内的负压值，与发生交汇的两支流交汇前的流速及气压的具体取值有关。

2. 结构因素对通风特性的影响分析

分析补气洞及泄洪洞结构因素对供气系统通风特性的影响，具体包括补气洞面积变化影响、补气洞长度变化影响、补气洞布设位置影响、补气洞布设数量影响及泄洪洞截面高度影响五个方面。水力条件保持不变，均在闸门全开工况（对应的水流流量为 3 200 m³/s）进行计算，从补气洞内风速、末端气压，泄洪洞洞顶余幅内风速、气压四个方面评估结构因素变化对通风特性的影响[6-7]。

1）补气洞面积变化影响

其他结构布置参数不变，只改变补气洞截面面积，不同截面尺寸时补气洞及泄洪洞内风速、气压的计算结果如图 2.11（a）、（b）所示。所有补气洞面积变为原截面面积 a 的 50%、1.0 倍、2.0 倍（图内标示为 0.5a、1.0a、2.0a），所对应的供气系统总通风量分别为 3 752 m³/s、4 537 m³/s、4 842 m³/s。

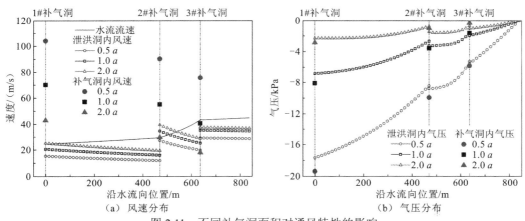

图 2.11　不同补气洞面积对通风特性的影响

补气洞截面面积对总通风量、补气洞及泄洪洞内的风速和气压都有着显著影响，采用较大截面尺寸的补气洞对提高供气系统通气顺畅程度、降低补气洞及泄洪洞内的风速和气压都是有利的。实际工程中，还需考虑洞室开挖造价、结构安全稳定等因素，寻求多因素之间的平衡。

2）补气洞长度变化影响

其他结构布置参数保持不变，只改变补气洞长度，不同补气洞长度时补气洞及泄洪洞内风速、气压的计算结果如图 2.12（a）、（b）所示。所有补气洞长度改变为原长度 L 的 50%、1.0 倍、2.0 倍、5.0 倍（图内标示为 0.5L、1.0L、2.0L、5.0L），所对应的供气系统总通风量分别为 4 555 m³/s、4 537 m³/s、4 502 m³/s、4 405 m³/s。补气洞长度对总通风量、补气洞及泄洪洞内风速和气压的影响较弱。

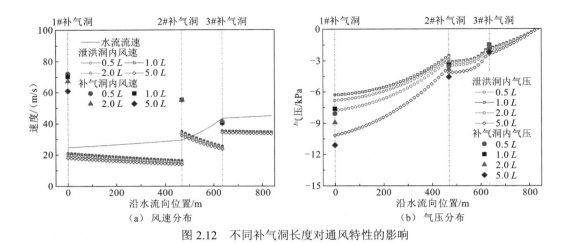

（a）风速分布　　　　　　　　　　（b）气压分布

图 2.12　不同补气洞长度对通风特性的影响

3）补气洞布设位置影响

　　其他结构布设参数保持不变，只调整补气洞与泄洪洞的相对位置。1#、3#补气洞与泄洪洞的相对位置不变，2#补气洞交汇口沿泄洪洞洞轴线上移 0、100 m、200 m、300 m，不同补气洞相对位置时补气洞及泄洪洞内风速和气压的计算结果如图 2.13（a）、（b）所示，所对应的供气系统总通风量分别为 4 537 m³/s、4 504 m³/s、4 467 m³/s、4 424 m³/s。

　　2#补气洞交汇口位置的上移，分担了平洞区段泄洪洞气流仅从 1#补气洞汇入的压力，提升了气流汇入的通畅程度，所以可以使 1#补气洞内的风速降低；通过合理选择补气洞布设位置可改善泄洪洞内的负压分布。

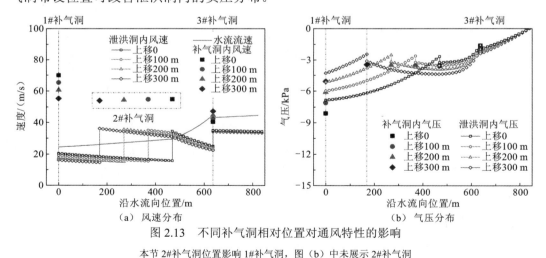

（a）风速分布　　　　　　　　　　（b）气压分布

图 2.13　不同补气洞相对位置对通风特性的影响

本节 2#补气洞位置影响 1#补气洞，图（b）中未展示 2#补气洞

4）补气洞布设数量影响

　　其他结构参数保持不变，只改变补气洞布设数量。工况 1 保留所有补气洞，工况 2 保留 1#、2#补气洞，工况 3 保留 1#、3#补气洞，工况 4 只保留 1#补气洞。各工况下对应的供气系统总通风量分别为 4 537 m³/s、3 876 m³/s、4 056 m³/s、2 434 m³/s。

补气洞布设数量对供气系统通风特性的影响显著，采用多洞补气系统可以有效地减小泄洪洞内的负压，降低补气洞的风速。

5）泄洪洞截面高度影响

其他结构参数保持不变，只改变泄洪洞截面高度。泄洪洞截面高度分别变为原高度的 80%、1.0 倍、1.2 倍，对应的供气系统总通风量分别为 3 429 m^3/s、4 537 m^3/s、5 185 m^3/s。

随着泄洪洞截面高度的降低，补气洞风速减小，泄洪洞内风速显著增加，补气洞末端负压及泄洪洞内负压减小，总通风量减小。

2.3　高水头闸门伴生振动及爬振

高水头闸门在动水中启闭或运行时面临极为复杂的水流荷载条件，由于闸门-水体流固耦合、水气两相流紊动、闸孔过流量脉动、闸门底缘流线分离及漩涡脱落与重附着等，闸门发生严重振动进而破坏的事故屡见不鲜。

2.3.1　高坝泄流附属结构伴生振动

针对锦屏一级水电站中孔闸门局部开启运行时引起未开启的表孔闸门的伴生振动现象，通过振动动力学模型计算分析，揭示了中孔闸门振动引发表孔闸门伴生振动的路径是拱坝坝身结构，表孔堰顶是拱坝坝体振动能量释放的薄弱部位，而表孔闸门质量、刚度和阻尼等又满足了表孔闸门发生异常振动的条件；当表孔闸门提离堰顶时，闸门伴生振动急剧减小就是最直观的证明。表孔闸门伴生振动比中孔闸门自身振动更甚的原因，与两种闸门发生振动时的边界约束条件有关，中孔闸门振动时有左右及顶部三边水封约束，而表孔闸门仅有左右两侧水封约束，因此表孔闸门的振动强度具有放大的条件。向家坝重力坝采用同样的泄洪方式却没有出现闸门伴生振动现象，说明表孔闸门的伴生振动更容易出现在薄高拱坝上。要避免锦屏一级水电站薄高拱坝出现的表孔闸门伴生振动现象，必须避免中孔闸门局部开启运行，以消除坝体结构的振动源[8]。

闸门的伴生振动于锦屏一级水电站泄流运行闸门动力学原型观测时被发现，其表现形式为表孔闸门的振动强度随闸门开度的增大而减小，当表孔闸门完全关闭、不受下泄水流荷载时，振动达到最大，当闸门局部开启，泄流激励直接作用于门页底缘时，振动却呈现减小的趋势。

1）原型观测情况

枢纽中孔闸门为一段有压短管，表孔为 WES 溢流堰。中孔下泄水流为急流状态，其脉动荷载可能由较高频率的分量组成，监测数据表明在下泄水流作用下深孔闸门发生了 26.2 Hz 的明显振动。

表孔闸门的振动频率与深孔闸门流激振动频率十分接近，且其他观测工况表明深孔关闭时表孔闸门振动大幅减小，因此表孔闸门发生了由深孔闸门振动引起的伴生振动，且出于结构动力特性的原因，表孔闸门振动更加明显。

2）振动机理分析

基于原型观测结果，对表孔闸门的伴生振动机理进行初步分析：中孔闸门与急流水流之间的动力相互作用导致了中孔闸门的振动，而中孔闸门的振动进一步导致了表孔闸门的严重振动。表孔闸门开度从 0 增加到 25%时，其底缘与堰顶分开，中孔振动经由坝体传递到表孔的路径被部分隔断，因此振动减小；表孔闸门开度从 25%增加到 50%时，水流激励荷载的变化使其振动呈现减小趋势；闸门开度从 50%增加到 75%时，闸门底缘与下泄水流完全分开，水流激励荷载消失，导致振动进一步减小；闸门开度从 75%增加到 100%时，由于荷载条件几乎不变，闸门振动情况几乎没有变化。

3）伴生振动成因

基于对原型观测数据、闸门群伴生振动机理的分析认为，深孔闸门与急流水流之间的动力相互作用导致了深孔闸门的振动，而深孔闸门的振动进一步导致了表孔闸门的严重振动。伴生振动的根本原因在于，深孔泄流诱发的振动能量在坝体薄弱环节得到释放，而由于表孔闸门质量、刚度和阻尼等满足特定条件，振动在该处得到了一定程度的放大。

2.3.2　闸门的爬振特性和减振措施

爬振是指移动部件周而复始、忽停忽跳、忽慢忽快地进行运动的现象，其实质是一种不连续的非线性摩擦振动，工程界对于事故闸门动水闭门过程中的爬振现象的研究鲜有报道。依托锦屏一级水电站泄洪洞事故闸门启闭机室楼板振动原型观测，着重分析了事故闸门动水闭门过程中的爬振现象及减振措施。

针对锦屏一级水电站泄洪洞事故闸门闭门过程中出现的闸门爬振现象，初步分析认为其由闸门小开度时门顶水柱荷载不够、闸门底缘脉动荷载过大造成；结合多个工程事故闸门试验研究经验，揭示了事故闸门运行中产生爬振现象的主要水力因素与控制条件，通过优化闸门井井楣体型及高度、调整闸门前后缝隙比、优化闸门底缘形式等，可以达到增加闸门小开度时门顶水柱荷载、减小闸门底缘脉动荷载的效果，进而实现事故闸门在高水头作用下的平稳关闭。

1. 闸门动水闭门过程中的爬振特性

锦屏一级水电站泄洪洞事故闸门原型观测中的爬振现象存在如下特性：静水启闭试验用于检验原型观测试验的可靠性，闸门未出现爬振；动水闭门试验中，事故闸门开度由 17.2 m 降至 0.25 m 后无法继续下门，闭门过程中启闭机室及周边震感非常强烈，事故闸门伴有大幅振动，开度由 4.6 m 变为 0.7 m 过程中振幅突增，出现爬振现象；因闸门爬振，荷重在开度为 0.7～3.0 m 时有较为强烈的振动。闸门产生的黏-滑振动使门机遭受冲击振荡荷载，对启闭设备及闸门运行非常不利；当闸门开度大于 0.7 m 时，荷重大于零，随着闸门的下落，数值周期性地降低；当闸门开度为 0.7 m 左右时，闭门力近乎为零，闸门虽接近全关，但闭门力很小也会带来安全隐患[9]。观测结果见图 2.14。

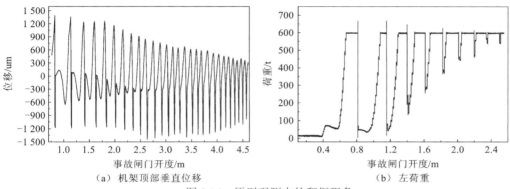

（a）机架顶部垂直位移　　　　　　　（b）左荷重

图 2.14　原型观测中的爬振现象

事故闸门小开度振动，可初步断定是由闸门爬振所致，也正是闸门的爬振引起了启闭机室小开度大幅振动现象。

2. 减小闸门爬振的相关措施

可采取下列措施改善事故闸门的爬振现象[10]。

（1）支承结构：尽可能地选取摩擦系数小的支承形式，条件适宜的情况下可选用滚轮支承，不仅可以减少闸门闭门过程中的爬振现象，还能增大闭门力，保证闸门有效闭门。对于定轮支承的事故闸门，还应注重滚轮的防锈工作，尤其是底轮的防锈处理，避免滚轴抱死致使定轮支承的滚动摩擦变为滑动摩擦，使得摩阻力大幅提升，如图 2.15（a）所示。

（2）运行工作参数：上游水位低，工作闸门小开度有利于事故闸门的落门，减少闭门过程中的爬振振幅，如图 2.15（b）所示。启闭速度的增加也可减少闸门的爬振，但对闸门无法落门改善效果不大。

（3）滑块直径：增加滑块直径，实际上是减少闸门支承结构与下游门槽的间隙。在满足门槽预留空间的基础上，滑块直径的增大可有效降低闭门持住力，并减少或抑制闸门的爬振现象。

（4）闸门配重：实际工程中，适当地增加闸门配重，可使闸门下落更深，改善闸门爬振现象。该方法较为简便，但增加配重的同时会加大启门力，故需要对启闭设备及工作桥梁等结构荷载进行校核，在满足要求的情况下方可实施。

（5）止水条件：对于有爬振的支承形式，止水漏水将会增大闸门爬振振幅，故应定期检修止水渗漏情况，如图 2.15（c）所示。

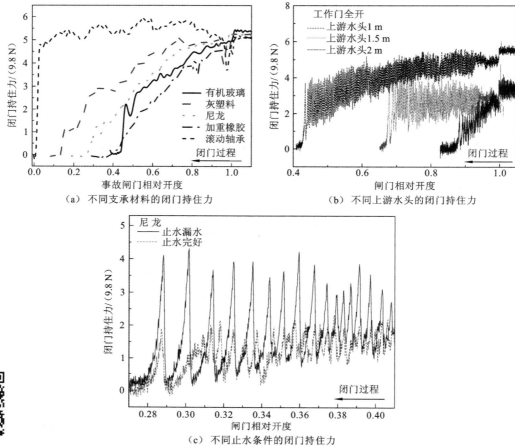

（a）不同支承材料的闭门持住力　　　　　（b）不同上游水头的闭门持住力

（c）不同止水条件的闭门持住力

图 2.15　闭门持住力

第 3 章

消能建筑物防护安全及调控方式

　　通过研究特大型水利工程泄洪消能区及下游产生不良水流流态的主要控制因素、调控响应特性，跌坎底流消能消力池底板及边墙水动力特性、调控响应特性，挑（跌）流水垫塘底板、边墙水动力特性和失稳破坏成因、调控响应特性，高水头大流量挑流条件下坝下河床和边坡基础的冲淤特性、调控响应特性等，揭示消能建筑物泄洪运行产生破坏的机理，提出安全调度方式。

3.1　挑流消能河道抗冲防护安全

三峡水利枢纽采用典型的下游河床自由冲刷的挑流消能形式，基于三峡水利枢纽1∶100物理模型试验，对自由挑流条件下下游河床冲淤特性及调控响应特性进行了研究。

3.1.1　汛期大流量深孔单独运行调度

深孔单独运行调度试验了 16 个典型工况（表 3.1），其中深孔调度次序分以下三个方案。

表 3.1　深孔单独运行典型试验工况

工况序号	库水位/m	枢纽总泄量/（m³/s）	黄陵庙水位/m	枢纽运行方式（深孔+排漂孔+排沙孔+左电厂+右电厂）	深孔调度方式
1	138	50 200	71.63	23 孔+3 孔+7 孔+14 台+0 台	—
2	138	54 930	72.43	23 孔+3 孔+7 孔+14 台+6 台	—
3	138	57 190	72.85	23 孔+3 孔+0 孔+14 台+12 台	—
4	145	57 240	72.86	23 孔+0 孔+7 孔+10 台+8 台	—
5	145	56 840	72.78	23 孔+3 孔+0 孔+10 台+8 台	—
6	145	56 680	72.76	20 孔+0 孔+0 孔+14 台+12 台	—
7	145	57 080	72.80	19 孔+3 孔+0 孔+14 台+12 台	—
8	167	57 630	72.92	19 孔+0 孔+0 孔+10 台+8 台	方案一
9	167	57 970	72.97	18 孔+2#孔+0 孔+10 台+8 台	方案二
10	167	57 900	72.94	15 孔+0 孔+0 孔+14 台+12 台	方案一
11	167	55 960	72.60	13 孔+2#孔+0 孔+14 台+12 台	方案二
12	175	57 170	72.83	19 孔+0 孔+0 孔+10 台+8 台	方案一
13	175	57 750	72.93	18 孔+2#孔+0 孔+10 台+8 台	方案二
14	175	71 830	75.50	23 孔+1#、2#孔+0 孔+10 台+8 台	方案三
15	175	71 750	75.50	22 孔+0 孔+0 孔+14 台+12 台	方案一
16	175	72 400	75.60	21 孔+2#孔+0 孔+14 台+12 台	方案二

（1）方案一（2#排漂孔不运行）：深孔从中间向两侧均匀、对称、间隔开启 12 孔后，再从中间向两侧依次开启剩余孔。开启次序为 13#、21#、3#、17#、7#、11#、23#、1#、19#、5#、15#、9#、12#、10#、14#、8#、16#、6#、18#、4#、20#、2#、22#。

（2）方案二（2#排漂孔参与泄洪）：深孔从中间向两侧均匀、对称、间隔开启包括

2#排漂孔在内的 12 孔后，再从中间向两侧依次开启剩余孔。开启次序为 14#、11#、22#、3#、18#、7#（2#排漂孔）、1#、20#、5#、16#、9#、12#、13#、10#、15#、8#、17#、6#、19#、4#、21#、2#、23#。

（3）方案三（1#、2#排漂孔参与泄洪）：先开启 1#、2#排漂孔和 1#深孔，再从中间向两侧均匀、对称、间隔开启包括 1#深孔在内的 11 孔深孔，然后从中间向两侧依次开启剩余孔。开启次序为 2#排漂孔、1#、1#排漂孔、14#、11#、22#、3#、18#、7#、20#、5#、16#、9#、12#、13#、10#、15#、8#、17#、6#、19#、4#、21#、2#、23#。

在库水位为 145 m，枢纽总泄量为 57 000 m³/s 左右条件下，分析 2#排漂孔参与排漂泄洪的影响。从流态上讲，2#排漂孔参与排漂泄洪时，右侧纵向围堰边回流范围及强度较小，流态较好；从冲刷角度讲，2#排漂孔不运行时，防冲墙边受冲刷程度较轻，而当 2#排漂孔参与排漂泄洪时，其冲刷最低高程为 37.20 m，仍远高于防冲墙建基面高程 30.00 m，不会危及防冲墙及下游纵向围堰的安全。因此，在 145 m 库水位运行时，深孔调度方案一和方案二均可视具体情况采用。

当 2#排漂孔不参与泄洪，泄洪深孔按方案一运行到 23#深孔开启泄洪（如工况 4、8、10、12、15）时，下游纵向围堰防冲墙边处于回流区，最大回流流速可达 7.98 m/s，其上溯到坝脚，最大横向流速为 5.65 m/s。但下游纵向围堰防冲墙边冲刷较少，一般均在建基面高程 30.00 m 以上，不会影响防冲墙的安全。

当 2#排漂孔开启参加泄洪，泄洪深孔按方案二运行到 23#深孔仍未开启（如工况 9、11、13、16）时，下游纵向围堰及防冲墙处于顺流，最大流速可达 6.8 m/s，防冲墙边遭受的冲刷较大，冲刷最深点高程为 29.30 m，已在防冲墙建基面高程以下。在该条件下，下游纵向围堰左侧水流特性和冲刷破坏程度随着库水位的上升更加明显，当库水位为 175 m 时最为突出。

当 2#排漂孔开启参加泄洪，23#深孔也开启运行（如工况 5、14 深孔全部开启）时，下游纵向围堰及防冲墙处于顺流或弱回流，但流速不大，在库水位为 175 m 时，最大流速为 4 m/s 左右。防冲墙边冲刷最低高程为 32.50 m，已在防冲墙建基面高程 30.00 m 以上，不会对防冲墙的安全造成影响。

综上所述，下游纵向围堰左侧的流态、流速场的变化和防冲墙边的冲刷程度与 2#排漂孔及 23#深孔的开启运行有较大关系，两者应配合调度运行。因此，在需要 2#排漂孔开启参加泄洪时，23#深孔应提前开启运行，以使下游纵向围堰左侧处于回流或小顺流区域，减小对防冲墙边的河床冲刷。

3.1.2　汛期大流量深孔与表孔联合运行调度方式比较分析

当库水位超过 161 m 时，表孔也可开启泄洪，此时，泄洪调度存在三种方式：一是先深孔后表孔（机组全部运行泄量仍不足时，首先开启深孔泄洪，深孔全部开启泄洪泄量仍不足时，再开启表孔）；二是先表孔后深孔（机组全部运行泄量不足时，首先开启表孔泄洪，表孔全部开启泄洪泄量仍不足时，再开深孔）；三是开启部分深孔和部分表孔联合泄洪。深孔开启次序如前所述，表孔开启次序见如下三种方案（方案Ⅰ、方案Ⅱ、方案Ⅲ）。

（1）方案Ⅰ：从中间向两侧均匀、间隔开启 10 孔后，再从中间向两侧依次开启剩余孔。开启次序为 11#、3#、20#、7#、16#、12#、9#、14#、5#、18#、10#、13#、8#、15#、6#、17#、4#、19#、2#、21#、1#、22#。

（2）方案Ⅱ：从中间向两侧均匀、间隔开启 10 孔（同方案Ⅰ）后，再开启 1#、22#孔，然后从中间向两侧依次开启剩余孔。与方案Ⅰ相比，不同之处是将 1#、22#孔由方案Ⅰ中最后两位开启提前至第 11、12 位开启，开启次序为 11#、3#、20#、7#、16#、12#、9#、14#、5#、18#、1#、22#、10#、13#、8#、15#、6#、17#、4#、19#、2#、21#。

（3）方案Ⅲ：从中间向两侧均匀、间隔开启 10 孔后，再从中间向两侧依次开启剩余孔。与方案Ⅰ相比，开启规律基本一致，但具体开启次序有一定的区别。开启次序为 10#、13#、2#、21#、6#、17#、8#、15#、4#、19#、11#、12#、9#、14#、7#、16#、5#、18#、3#、20#、1#、22#。

在 167 m、175 m 两种库水位下，对上述三种泄洪调度方式进行了试验比较，典型试验工况见表 3.2。

表 3.2　深孔与表孔联合运行典型试验工况表

工况序号	库水位 /m	枢纽总泄量 /（m³/s）	黄陵庙水位 /m	枢纽运行方式 （深孔+表孔+排漂孔+左电厂+右电厂）	表孔调度方案
17	167	55 980	72.60	14 孔+22 孔+0 孔+10 台+8 台	—
18	167	56 320	72.72	13 孔+22 孔+2#孔+10 台+8 台	—
19	175	71 790	75.50	23 孔+5 孔+0 孔+10 台+8 台	方案Ⅰ
20	175	72 400	75.60	22 孔+5 孔+2#孔+10 台+8 台	方案Ⅰ
21	175	71 830	75.50	16 孔+12 孔+0 孔+14 台+12 台	方案Ⅱ
22	175	71 830	75.50	16 孔+12 孔+0 孔+14 台+12 台	方案Ⅲ
23	175	72 450	75.61	15 孔+12 孔+2#孔+14 台+12 台	方案Ⅲ
24	175	71 880	75.52	11 孔+22 孔+0 孔+14 台+12 台	—
25	175	72 480	75.61	10 孔+22 孔+2#孔+14 台+12 台	—

各种表孔开启方案下坝下整体流态基本一致。泄洪坝段主流集中于中部，下游纵向围堰边为回流，流速值除个别测点外，方案Ⅲ（工况 22）大于方案Ⅱ（工况 21）。从二期下游横向围堰顶面（桩号 20+450 m）的流速分布来看，两方案主流分布都不均匀，但方案Ⅲ的流速偏差更大一些，主流更集中于中部；右岸护岸边的最大流速方案Ⅲ比方案Ⅱ大 0.77 m/s，达 5.42 m/s。从冲刷方面看，由于方案Ⅲ中 2#隔流墩处回流流速及水

流紊动强度增大，该处淘刷深度加深，冲刷最低高程为 26.30 m，低于防冲墙建基面，对防冲墙的安全构成威胁。因此，表孔调度方式方案 II 优于方案 III。同时，这也说明边表孔提前开启运行对改善坝下流态、减轻防冲墙边冲刷及右岸防护有利。

3.1.3　汛期大流量深孔与表孔联合运行调度成果分析

对三峡水利枢纽深孔与表孔联合运行调度典型工况的研究成果进行分析，可得如下结论。

（1）深孔与表孔联合运行时，泄洪调度存在三种调度方式。在库水位为 167 m 和 175 m 条件下，一是先深孔后表孔，二是先表孔后深孔，三是部分深孔和部分表孔联合泄洪，三种调度方式对坝下流态、流速及坝下冲刷等方面产生影响。结果表明：在库水位为 167 m 时，枢纽先表孔后深孔运行调度方式与先深孔后表孔运行调度方式相比，坝下流态和下游河道整体流态，以及右防冲墙及左导墙边的冲刷最低高程均较接近，均无实质性差别；在库水位为 175 m 条件下，枢纽三种调度方式的坝下整体流态基本相同，但局部流态存在差别，其中先深孔后表孔调度方式的下游护岸及坝下护坦的流速值最小，对下游护岸及坝下护坦的影响最小。对坝下冲刷地形进行分析，在 2#排漂孔不运行时，三种调度方式的坝下动床平台 48 m、40 m 部位和左导墙边及下游纵向围堰左侧防冲墙边的冲刷深度无本质的差别。

（2）由于枢纽下游两侧导墙的布置问题，泄洪建筑物两侧边孔出流均对坝下两侧流态和冲刷有一定的影响，尤其是右侧 22#表孔、23#深孔和 2#排漂孔对下游纵向围堰左侧流态与局部冲刷有较大的影响。研究成果有以下几点。①当表孔 22 个孔开启运行，深孔按方案一运行到 23#深孔开启泄洪、2#排漂孔不运行时，下游纵向围堰左侧处于强回流区，最大回流流速达 9.29 m/s，其上溯到坝脚，最大横向流速为 8.52 m/s，但下游纵向围堰防冲墙边冲刷很少，不影响防冲墙的安全。仅全部开启表孔时，下游防冲墙及左导墙边基本未受冲刷。②当表孔 22 个孔开启运行，深孔按方案二运行到 23#深孔未开启、2#排漂孔开启泄洪时，下游纵向围堰左侧基本处于顺流区，坝脚横向流速较小，下游纵向围堰防冲墙边冲刷较严重。例如：工况 18，库水位为 167 m，枢纽下泄流量为 56 000 m³/s 左右，深孔开启 13 孔时，防冲墙边冲刷最低高程为 32.50 m；工况 25，库水位为 170 m，枢纽下泄流量为 72 000 m³/s 左右，深孔开启 10 孔时，防冲墙边冲刷最低高程为 35.00 m；工况 27，库水位为 180 m，枢纽下泄流量为 100 000 m³/s 左右，深孔开启 22 孔时，防冲墙边冲刷最低高程为 28.50 m，低于防冲墙建基面高程 30.00 m，对防冲墙及纵向围堰的安全不利。③当深孔全部开启、表孔部分开启（22#表孔关闭）、2#排漂孔未开启时，下游纵向围堰左侧处于强回流区，最大回流流速达 9.29 m/s。④当深孔按方案二运行到 23#深孔未开启、表孔部分开启（22#表孔未开启）、2#排漂孔开启泄洪时，下游纵向围堰左侧处于顺流区或弱回流区，下游纵向围堰左侧防冲墙边冲刷较大，最低冲刷高程为 29.20 m，低于防冲墙建基面高程 30.00 m。⑤在表孔开启次序的比较（工况 21、22）试验中，深孔及左右电厂机组开启方式、数量完全一致，仅表孔开启次序不同，在 12 个表孔的开启运行中，工况 21 为提前开启表孔的两个边孔（1#、22#表孔），而工况 22 为关闭 1#、22#表孔。其结果是提前开启 22#表孔，下游防冲墙边基本未受冲刷，而关闭 22#表孔，下游防冲墙边遭受严重冲刷，冲刷最低高程为 26.30 m，低于防冲墙建基面高程 30.00 m。⑥当 1#排漂孔参加泄洪时，会使左电厂下游左岸回流强度、范围及涌浪增大，对左岸防护不利。

（3）综上所述，由于泄洪坝段右边孔（包括表孔、深孔和排漂孔）位于靠近下游纵向围堰的区域，这些边孔的运行有其特殊作用，对下游流态和冲刷产生不同的效果。在枢纽泄洪先开深孔后开表孔的调度方式下，当泄洪闸孔开启较多时，应尽量提前开启边孔泄洪，尤其是在 2#排漂孔参加泄洪时，更应提前开启 23#深孔或 22#表孔，综合调度边孔运行，调整坝下流态、流速场，减少下游纵向围堰左侧防冲墙边的冲刷深度。

3.1.4　不利泄洪调度方式及安全评价

在枢纽泄洪度汛时，严格执行设计确定的调度规程是保证工程安全的前提。为探明非常规运行对河床冲刷及冲坑深度的影响程度，对库水位为 175 m，枢纽总泄量为 64 000～72 000 m³/s，深孔或表孔集中开启左区、中区及右区等可能的不利泄洪工况进行试验。

深孔和表孔集中开启左区：泄洪坝段下游主流集中在左侧，泄洪坝段右侧及下游纵向围堰边形成大范围回流，回流末端至下游纵向围堰尾部下游 100 m 处，在坝趾处有较大的横向流，其最大流速为 12.99 m/s（13#坝段）。水流顶冲高家溪口，其下游 500 m 范围内的岸边流速和涌浪较大，岸边最大流速为 7.48 m/s。河道左岸突咀至船闸泄水箱涵出口下游 100 m 为大范围回流区，最大回流流速为 2.81 m/s。

深孔和表孔集中开启中区：泄洪坝段下游主流集中于中部，左导墙及下游纵向围堰边均形成强度极大的回流区，下游纵向围堰边最大回流流速为 8.20 m/s，坝趾处最大横向流速为 8.69 m/s（13#坝段），左导墙边最大回流流速达 7.93 m/s。坝下主流顶冲右岸高家溪口附近，岸边流速和涌浪巨大，其岸边最大流速为 8.66 m/s。左岸边的回流流速也达到 3.32 m/s。

深孔和表孔集中开启右区：泄洪坝段下游主流贴下游纵向围堰而下，下游纵向围堰边流速和涌浪巨大；2#隔流墩上游为回流，回流最大流速达 10.58 m/s；2#隔流墩下游为顺流，下游纵向围堰边流速较大，在围堰尾部达 13.01 m/s。左导墙边为大范围回流区，边壁最大回流流速为 6.77 m/s，在左导墙的末端还有明显的跌水现象。下泄主流顶冲右岸高家溪口附近，其岸边流速和涌浪巨大，最大流速为 7.01 m/s。左岸边为回流，其最大流速为 2.99 m/s。

深孔全开，表孔集中开启左区 5 孔或右区 5 孔：23 个深孔全开时，下泄水流分布均匀；在此基础上开启 5 个表孔，其下泄流量占枢纽总泄量的比重较小，对坝下游河道的整体流态无明显影响；但在右区或左区集中开启表孔，将增大下游纵向围堰边或左导墙边的回流强度。因此，集中开启表孔将对局部流态和河床局部冲刷产生不利的影响。

综上所述，集中开启泄洪孔将使坝下水流集中，流速分布不均匀，从而形成不利的水流流态，对左导墙、下游护坦、下游纵向围堰及防冲墙等的安全均会产生不利影响；下游河道右岸边流速及涌浪巨大，最大岸边流速达 7～9 m/s，对护岸工程的稳定也有影响；在泄洪调度时，应禁止上述运行工况。

当宣泄大流量洪水时，必须严格禁止深孔和表孔集中在某一区域开启或非对称开启的泄洪运行方式，以避免坝下高度集中的主流对左导墙、下游护坦、防冲墙、下游纵向围堰及右岸护岸工程等产生有害的影响。

3.2 消力池防护安全

3.2.1 Y 形宽尾墩消力池防护安全

基于某水电站 1 : 100 的物理模型，对 Y 形宽尾墩消力池的水动力及调控响应特性进行研究，主要研究了水垫厚度、单宽流量、开孔方式对动水压强的影响[11-12]。

试验测点布置如图 3.1 所示。试验布置 A、B 两列共 34 个时均压强测点和 28 个脉动压强测点，A 列布于 5#表孔中心线位置（3#～7#表孔消力池的中心线），B 列布于 6#、7#表孔闸墩中心线位置。模型试验工况见表 3.3。

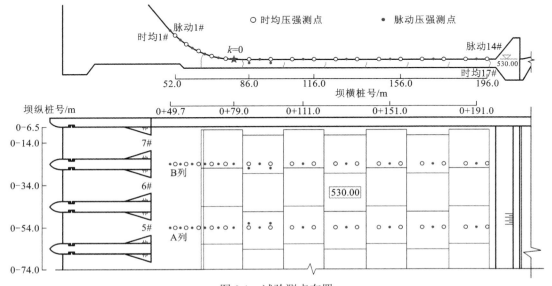

图 3.1　试验测点布置

k 为测点与消力池首部距离和消力池长度的比值

表 3.3　模型试验工况

工况	上游水位/m	下游水位*/m	流量/（m³/s）	堰顶单宽流量/[m³/（s·m）]	水垫厚度/m	开孔数	开孔方式
1	598.8	559.7/563.1	10 901	145.35	29.7/33.1	5	3#~7#表孔全开
	600.3	559.7/563.1	12 422	165.63	29.7/33.1		
	602.0	559.7/563.1	14 016	186.88	29.7/33.1		
2	592.3	545.6	3 142	69.82	15.6	3	3#、5#、7#表孔全开/4#~6#表孔全开/5#~7#表孔全开
3	595.7	545.6	2 974	99.13	15.6	2	3#、7#表孔全开/4#、6#表孔全开/6#、7#表孔全开/5#、6#表孔全开/5#、7#表孔全开
4	602.0	545.6	2 602	173.47	15.6	1	7#表孔全开/6#表孔全开/5#表孔全开

注：堰顶高程为 581.00 m；消力池底板高程为 530.00 m；水垫厚度=下游水位−530.00。

* 同一流量时，电站下游水位有一定变幅，此列数据为"低水位工况/高水位工况"。

1. 动水压强特性

在五个溢流表孔全开的情况下，消力池的动水压强特性，以及单宽流量、消力池水垫厚度对动水压强的影响如图 3.2、图 3.3 所示。

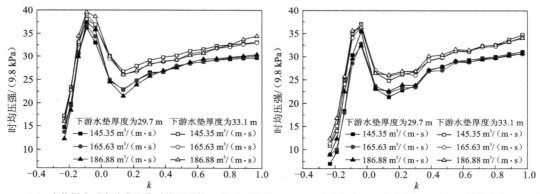

（a）水垫厚度对表孔中心线时均压强的影响（工况 1）　（b）水垫厚度对闸墩中心线时均压强的影响（工况 1）

图 3.2　五孔全开时时均压强的沿程分布

k 为测点所处的相对位置，即测点与消力池首部距离/消力池长度

1）时均压强沿程分布

（1）水垫厚度相同的情况下，改变单宽流量对时均压强几乎没有影响，时均压强主要受水垫厚度控制。

（2）不同工况下，表孔中心线和闸墩中心线的时均压强都呈现先急剧增加再急剧降低最后缓慢增加至下游水面的沿程变化趋势。

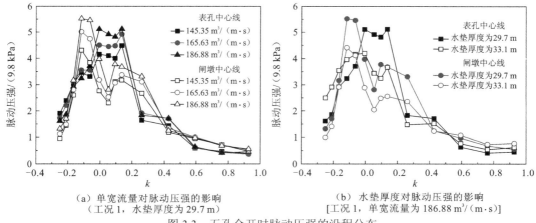

（a）单宽流量对脉动压强的影响
（工况 1，水垫厚度为 29.7 m）

（b）水垫厚度对脉动压强的影响
[工况 1，单宽流量为 186.88 m³/（m·s）]

图 3.3　五孔全开时脉动压强的沿程分布

（3）闸墩中心线时均压强的最大值位置比表孔中心线更靠近下游，以 k（测点与消力池首部距离/消力池长度）表示测点所处的相对位置，表孔中心线均在 $k=-0.09$ 测点取得最大值，闸墩中心线均在 $k=-0.04$ 测点取得最大值；闸墩中心线时均压强的最大值比表孔中心线略小。由于宽尾墩的束窄作用，水流经过宽尾墩后，纵向拉开，形成窄高水舌，并在消力池首段（$k=0$）附近落入消力池，同时水舌在空中坦化，由于水舌速度较大，在惯性作用下，水舌在闸墩中心线的落点相对于表孔中心线靠后，且由于水舌底部水流扩散，在闸墩下游形成水垫，削弱了水流冲击底板的作用力。

2）脉动压强沿程分布

（1）在 $k=-0.17\sim0.26$，表孔中心线和闸墩中心线的脉动压强受单宽流量和水垫厚度的影响较大，脉动压强基本随单宽流量的增加而增加，随水垫厚度的增加而减小；其他范围（$k<-0.17$ 及 $k>0.26$）内脉动压强几乎不受单宽流量和水垫厚度的影响，且脉动压强较小（均小于 2.5×9.8 kPa），尤其在消力池后端（$k>0.4$），消力池中水流趋于平顺，脉动压强降至 2.0×9.8 kPa 以下。

（2）表孔中心线的脉动压强沿程呈现先增加后减小而后趋于平稳的趋势，在 $k=-0.01\sim0.14$ 取得最大值，最大为 5.12×9.8 kPa，出现在单宽流量为 186.88 m³/（m·s）、下游水垫厚度为 29.7 m，即最大单宽流量、最小下游水垫厚度的工况。

（3）闸墩中心线的脉动压强沿程呈现先增加后减小再增大再减小而后趋于平稳的"双峰一谷"趋势；在 $k=-0.12\sim-0.06$ 取得第一个峰值（沿程最大值，最大为 5.52×9.8 kPa）；在 $k=0.05$ 取得谷值（2.31×9.8 kPa）；在 $k=0.09\sim0.26$ 取得第二个峰值（最大为 3.78×9.8 kPa）。

（4）表孔中心线脉动压强最大值的位置比闸墩中心线脉动压强最大值的位置更靠近下游，表孔中心线脉动压强相比于闸墩中心线脉动压强在较大的范围（$k=-0.01\sim0.14$）维持较高的数值，与闸墩中心线脉动压强谷值及第二个峰值出现的位置基本重合；在 $k=-0.25\sim-0.17$ 及 $k=-0.01\sim0.14$，表孔中心线脉动压强大于闸墩中心线脉动压强；在 $k=-0.12\sim-0.06$ 及 $k=0.26$ 测点处，表孔中心线脉动压强小于闸墩中心线脉动压强；$k>0.4$，表孔中心线和闸墩中心线的脉动压强值相当。

表孔中心线由于水舌底部贴壁流出，在进入消力池后，和消力池中的水体剧烈掺混，紊动较强，出现脉动压强最大值。闸墩中心线处，在溢流坝面上两侧表孔扩散的水舌不断剧烈碰撞，水流剧烈掺混，形成了脉动压强的第一个峰值；消力池中两侧表孔形成的水舌在落入消力池后向两侧扩散，在闸墩中心线处碰撞掺混，形成了脉动压强的第二个峰值，$k=0.05$ 位于两次碰撞位置之间，紊动较弱，形成"峰谷"。

2. 开孔方式对动水压强的影响

三孔全开时，由对称、间隔开启转变为对称、相邻开启后，表孔中心线脉动压强的最大值有所削弱；相邻、对称开启工况（4#～6#表孔全开）流态较优，表孔中心线和闸墩中心线的脉动压强极值为三种开孔方式中最小的，在不对称开孔方式下，消力池中会形成规模不等的漩涡，使消力池中间水垫较薄，时均压强较小，应尽量避免。

两孔全开时，表孔由间隔开启变为相邻开启，表孔中心线的脉动压强最大值（5#表孔开启时）、闸墩中心线的脉动压强最大值（6#表孔开启或7#表孔开启时）均有所削弱，间隔越小，对闸墩中心线脉动压强最大值的削弱作用越强，6#、7#表孔全开时闸墩中心线脉动压强的最大值最小。

3.2.2　金安桥水电站消力池防护安全

1. 金安桥水电站运行情况及底板破坏反演

对金安桥水电站 2011～2017 年泄洪建筑物的运行时间和流量、开孔组合方式等进行了调研与总结[12]。

1）整体运行情况

统计了 2011～2016 年表孔全年的运行数据，金安桥水电站溢流表孔平均每年运行 2 331.41 h（97.14 d），泄水 144.32×10⁸ m³；表孔累计泄水 865.95×10⁸ m³，运行 13 988.47 h，溢流表孔多年平均泄流量为 1 767 m³/s。2011～2017 年溢流表孔的最大流量分别为 4 320 m³/s、5 900 m³/s、4 884 m³/s、5 324 m³/s、4 000 m³/s、5 199 m³/s 和 7 008 m³/s，且以最大流量泄流运行的时间均不长，分别为 0.07 h、1.05 h、1.32 h、0.10 h、0.48 h、3.28 h 和 4.67 h。

设表孔运行的过程中，相邻两次闸门启闭时间点之间称为一个时间段，每种总流量不为零的时间段代表一种工况，据此可得各年的工况数分别为217、456、245、359、324、270 和 505，累计共 2 376 个。2017 年和 2012 年工况数较多，表明当年闸门启闭较频繁，尤其是 2017 年。

2）开孔组合方式

金安桥水电站于 2012 年建成（机组全部投产），溢流表孔自 2011 年开始运行，2011

年、2012 年为表孔运行初期，多为不均匀、不对称运行；从 2013 年起，表孔基本上按照均匀、对称的原则来运行。2011~2017 年表孔共有 22 种开孔组合方式，见图 3.4；各年的表孔开孔组合方式数分别为 11、9、6、7、5、12、9，运行时间最长的开孔组合方式分别为 2#，4#，3#，1#，3#、5#，3#，1#、3#、5#，1#、5#，运行总时间最长的开孔组合方式为 3#单孔开启，运行总时间达 3 873.23 h。

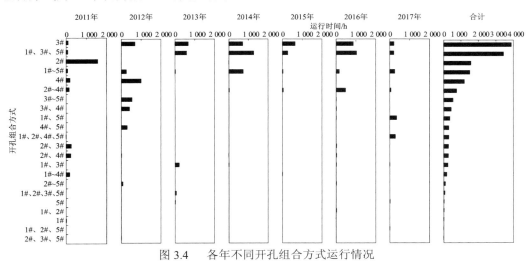

图 3.4　各年不同开孔组合方式运行情况

2. 消力池底板破坏反演分析

1）测点及工况

根据底板破坏区域分布及水动力特性分析结果，反演分析模型试验测点，如图 3.5 所示。

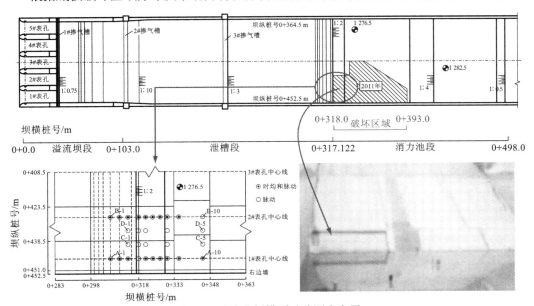

图 3.5　反演分析模型试验测点布置

　　试验工况以 2011 年运行工况为主，共 7 个工况，如表 3.4、图 3.6 所示。其中：工况 1 为设计流量工况；工况 9～13 为 2011 年实际运行工况，为具有代表性，选取的 5 个工况分别为总流量较大的 3 个工况和单孔泄量最大的 2 个工况；工况 14 为工况 12、13 的对照工况。

表 3.4　反演试验工况

工况序号	各孔开度/m					流量/(m³/s)	上游水位/m	下游水位/m	水位差/m	泄洪功率/MW	备注
	1#表孔	2#表孔	3#表孔	4#表孔	5#表孔						
1	全开	全开	全开	全开	全开	11 868	1 418.00	1 315.10	102.90	11 968	设计工况
9	0	18	0	10	0	4 010	1 416.99	1 304.10	112.89	4 436	2011 年运行工况
10	6	13	13	13	6	3 922	1 407.37	1 304.00	103.37	3 973	
11	0	11	13	11	0	3 160	1 406.90	1 303.60	103.30	3 199	
12	18	0	0	0	0	2 580	1 416.99	1 303.30	113.69	2 875	
13	0	18	0	0	0	2 590	1 416.99	1 303.30	113.69	2 886	
14	0	0	18	0	0	2 590	1 416.99	1 303.30	113.69	2 886	对照工况

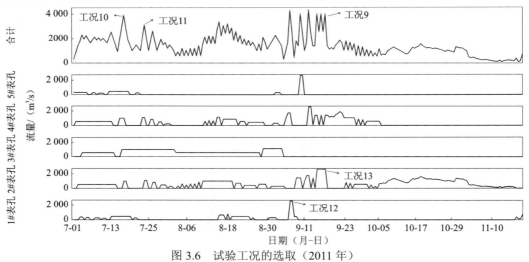

图 3.6　试验工况的选取（2011 年）

　　试验中，下游水位根据水位流量关系曲线选取。此外，除水位流量关系曲线中对应的下游水位外，每个工况（除工况 1 外）都是在保持上游水位不变（流量不变）的情况下，通过调节下游出流来调节下游水位，使之高 2.5 m 和低 3 m 进行试验测量，即都是 1 个上游水位对应 3 个下游水位。

　　2）时均压强分布

　　时均压强结果见图 3.7、图 3.8。①设计工况 1 中，B 列时均压强与特性试验中的分析结果基本一致，即在跌坎起始位置时均压强突然降低为 6.2×9.8 kPa（冲击压强为 26.7×9.8 kPa）。而对于其他大部分工况，在跌坎位置则无明显极小值，时均压强的变化梯度较小。②不同工况下，总泄流量或泄洪功率（上下游水位变幅较小，各工况上下游水位差基本相当）代表入池的能量大小或下游水垫承受的能量大小，对时均压强分布的影响较大，大流量或大泄洪功率下时均压强在跌坎起始位置下降或下凹明显，时均压强变化梯度大。③时均压强横向分布也有不同，以工况 1 为例，B 列在跌坎处的时均压强变化梯度明显大于 A 列，这是由入池横向断面水舌和流速即单宽流量的不均匀分布造成的，各孔水舌经过长泄槽及 3#掺气跌坎挑射后，入池前已非普通的二元水舌和流态，而是非常复杂的三元混合流态。因此，入池单宽流量的横向分布是消力池时均压强分布的决定因素，而断面最大单宽流量则决定了最大时均压强变化梯度的大小。

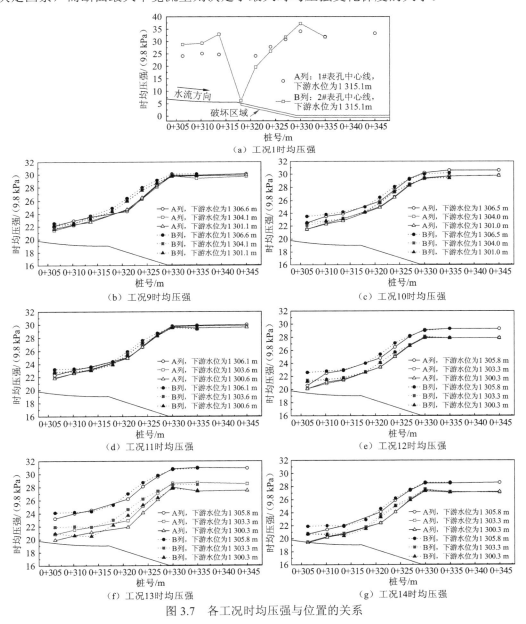

图 3.7　各工况时均压强与位置的关系

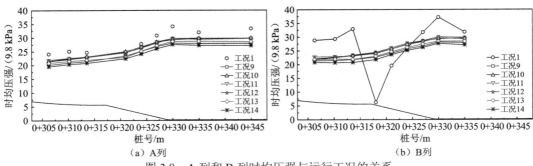

图 3.8　A 列和 B 列时均压强与运行工况的关系

3）脉动压强分布

各工况均在跌坎起始位置前后出现峰值，工况 1 为设计工况，流量较大，脉动压强也较大，达 12.52×9.8 kPa；其他包括 2011 年运行工况 9～13 及对照工况 14 在内的 6 个工况，脉动压强均较小，最大只有 3.29×9.8 kPa（工况 9）。由各工况脉动压强与流量的关系可见，流量对脉动压强的影响是很大的。整体上脉动压强较大的 3 个工况依次为工况 13（2#表孔开度为 18 m）、工况 9（2#表孔开度为 18 m，4#表孔开度为 10 m）及工况 14（3#表孔开度为 18 m）；对于工况 12～14 来说，在流量相同的情况下，2#表孔泄流工况脉动压强要大于 3#表孔再大于 1#表孔，分析认为，从流态上看这是由于 1#表孔泄流时水流横向扩散至消力池左侧 5#表孔中心线附近，而 2#和 3#表孔泄流时水流扩散程度较小，水舌大都直接沿边墙入池（图 3.9）。从 B 列与 A 列脉动压强的对比也可以看出，整体上靠近边墙的 1#表孔中心线（A 列）的脉动压强要明显高于远离边墙的 2#表孔中心线（B 列）的脉动压强（图 3.10）。

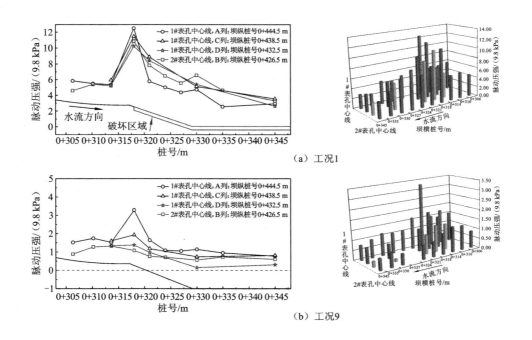

（a）工况1

（b）工况9

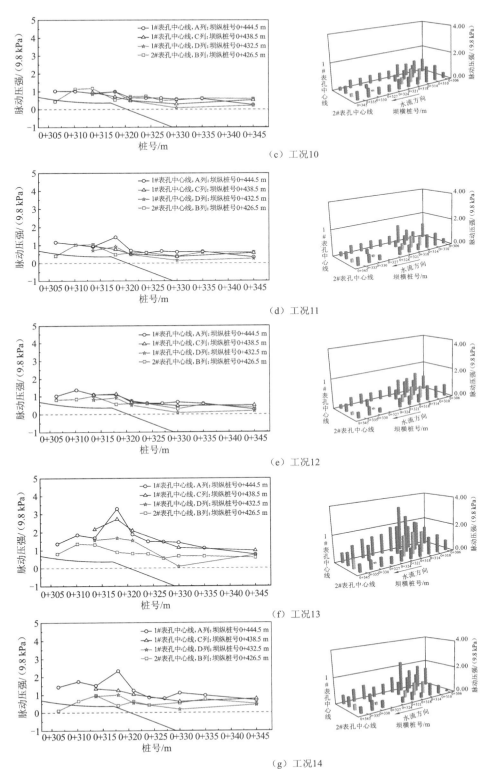

（c）工况10

（d）工况11

（e）工况12

（f）工况13

（g）工况14

图 3.9　各工况脉动压强

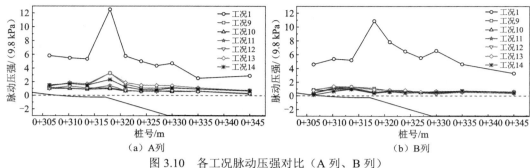

(a) A列   (b) B列

图 3.10   各工况脉动压强对比（A 列、B 列）

对比工况 1、9 和 13 不同下游水位的峰值横向分布发现，各列峰值均出现在跌坎起始位置坝横桩号 0+318.0 m 处（为顺水流方向泄槽段与消力池段的分缝位置，以下简称分缝），脉动压强垂直水流方向的分布情况见图 3.11。在跌坎起始位置具有明显峰值的 3 个工况（工况 1、9 和 13）下，沿坝纵方向脉动压强均呈现增大的趋势，即越靠近边墙，脉动压强越大；同时，工况 9 和工况 13 表明，下游水位越低，脉动压强越大，最大脉动压强出现在工况 13、下游水位为 1300.3 m 时，为 4.08×9.8 kPa。此时，脉动压强最大值顺水流方向的位置为破坏起始位置，即坝横桩号 0+318.0 m 分缝处，垂直水流方向的位置为 1#表孔中心线跌坎处破坏板块位置，从而脉动压强最大值出现的位置与底板破坏位置吻合，加之原型观测发现泄槽段与消力池段在该处的基础混凝土分缝局部缝宽超过 1 cm 且止水破坏，为脉动压力的传递提供了通道，因此脉动压强是造成分缝处板块破坏的主要原因之一。当其中一块板块发生破坏时，就会造成下游板块破坏的连锁反应。

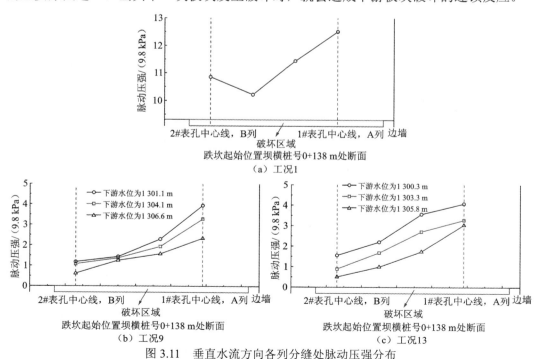

图 3.11   垂直水流方向各列分缝处脉动压强分布

4）脉动压强特性

（1）时域特性。对分缝处测点 A-4 和 B-4 的脉动压强时域特性进行分析，分缝处各列测点的脉动压强紊动极为剧烈，A 列均方根最大，达 12.52×9.8 kPa，而瞬时值可达负压，双幅值达 81.67×9.8 kPa。与工况 1 相比，工况 9、13 分缝处测点的脉动压强较小，均值也基本与静水压强相当，分别为 28.82×9.8 kPa 和 23.71×9.8 kPa。由各工况概率密度分布也可知：3 个工况脉动压强的偏态系数均为负，最大绝对值为工况 9 的 -1.84；峰度系数均大于 3，工况 9 中峰度系数大于 7，最大峰度系数也出现在工况 9，为 7.73。这表明此时峰值出现频率较高且多数分布在均值之下，其概率密度函数与正态分布相比偏于高瘦，间歇性强。

（2）频域特性。对于靠近边墙位于 1# 表孔中心线上的 A 列测点来说，各工况下分缝处测点的脉动压强能量集中在 0.1 Hz 以内的频率中，且无明显主频。此外，对于工况 9 和工况 13，考虑各列测点脉动压强频率的横向分布，即 A～D 列对应的分缝处测点脉动压强的归一化功率谱密度。可见，对于工况 9，B～D 列较 A 列的脉动压强的频带更宽，脉动压强能量主要集中在 0.8 Hz 以内。工况 13 与工况 9 类似，远离边墙的 D 列和 B 列相较于更靠近边墙的 A 列与 C 列脉动压强频带更宽，集中在 0.6 Hz 以内。

5）破坏现象分析

金安桥水电站消力池表层 1 m 厚抗冲磨混凝土的破坏面积约为 6 486 m^2，接近一个足球场的面积大小。结合工程现场勘查资料及反演模型试验结果，分析认为，消力池底板失稳破坏的发生是多种因素共同作用的结果。

（1）材料差异。消力池底板表层抗冲磨硅粉混凝土与常态基础混凝土的物理力学和热力学性能存在差异。

（2）分期浇筑。两层混凝土结构采用分期浇筑，浇筑间隔时间较长，部分分块的间歇时间已超过两年，表层抗冲磨混凝土虽然密实性较好，但收缩变形大，两种混凝土层间易存在薄弱面，结合较差。

（3）止水破坏。跌坎起始位置桩号 0+318.0 m 处分缝缝宽局部范围超过 1 cm，在泄洪高速水流引起的动水压力作用下，该分缝处止水破坏。

（4）排水缝隙。消力池前部高脉动压强区（1：2 跌坎处）的排水孔虽然可以平衡基础底部的浮托力，减小扬压力，但是脉动压强也可能通过排水孔传递到基础混凝土以下，使板块失稳。

（5）脉动压强。反演模型试验结果表明，脉动压强的均方根的最大值为 4.08×9.8 kPa，其出现位置与消力池底板发生破坏的位置吻合，说明脉动压强是底板破坏的主要原因之一。强大的脉动上举力沿分缝和排水孔缝隙向底板下部传递，使得 1：2 跌坎处的分块先出现失稳破坏，其他分块将产生连锁效应。

（6）运行因素。2011 年、2012 年为表孔运行初期，没有按照均匀、间隔、对称的原则来运行，2011 年 2# 表孔开启时间长达 1 500 多小时，约占总运行时间的 55%；同时，反演试验结果表明，2# 表孔开启时最大脉动压强分别高出 3# 表孔开启和 1# 表孔开启时最大脉动压强的 40.77 %、142.96 %，且恰好在泄槽与消力池衔接段的跌坎起始位置（桩号 0+318.0 m）的分缝处达到峰值，该处止水在脉动压力的长时间作用下容易发生破坏，继而造成下游板块失稳。

3. 稳定下泄水流的调度方式调整研究

根据上述分析，金安桥水电站的溢洪道多年来的泄洪运行特点就是泄洪流量变化频繁，下游河道水位变幅大、升降频繁，反映在溢洪道上就是水跃位置上下摆动幅度大，作用在水跃变动区位置的底板上的流速和动水压力也变化频繁，其对上述部位底板的安全和稳定非常不利。

如何在现有调度方式下让溢洪道上的水跃位置上下摆幅减小，进而达到保证溢洪道安全运行的目的，就成了解决问题的突破口。

为此，本节提出了稳定消力池下游水位的初步方案，可以稳定消力池内的水位，使其变幅减小，达到稳定跌坎、消力池水流流态及保障泄槽末端底板稳定的目的。同时，该方案对大流量泄洪时消力池内的水面抬高几乎没有影响，不影响大流量的泄洪安全。

具体方案就是，在消力池尾坎高程 1 299.00 m 平台上增加一个类似于迷宫堰效果的窄坎，窄坎长 197 m，比原尾坎宽顶堰（88 m）加长了 109 m，窄坎高 3.00 m，通过数值计算模型计算、分析来流及下游水位发生变化时消力池内的水流特性，见图 3.12。

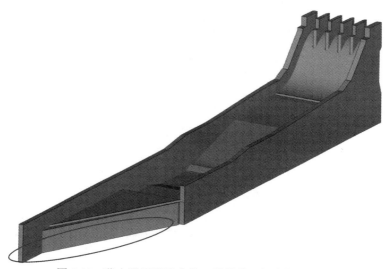

图 3.12　稳定溢洪道流态的工程措施（长窄坎方案）

研究结果表明，在 1 299 m 尾坎平台上增加长条形窄坎，在 5 000 m³/s 及以下的中小流量下可以明显坦化下游河道水位变化引起的消力池尾坎水位、水跃发生位置、1∶3 斜坡段临底流速的剧烈变化，使溢洪道 1∶3 斜坡段的流态趋于稳定。在 6 000 m³/s 的大流量下，长条形窄坎所起的坦化作用相对减小。同时，3 m 高的长条形窄坎还可以作为消力池检修时的挡水墙。

另外，通过数值模拟计算了在超大流量条件下运行的溢洪道的水面线。在流量为

14 950 m^3/s、下游水位为 1 318.5 m 的工况下运行时，水面线如图 3.13 所示。优化方案中，消力池中水面最高处距离边墙顶端 1.8 m，1 299 m 平台上水面最高处距离边墙顶端 4.4 m，优化方案在特大流量工况下抬高水面有限，水面最高处仍未超过边墙。

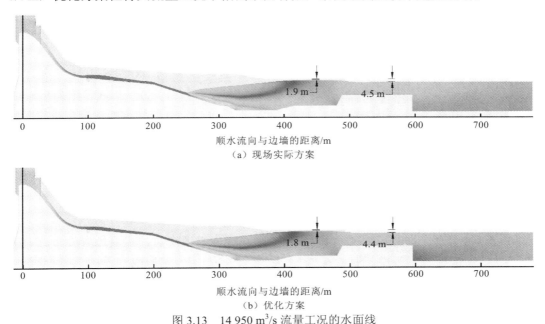

（a）现场实际方案

（b）优化方案

图 3.13　14 950 m^3/s 流量工况的水面线

3.3　挑流水垫塘防护安全

3.3.1　多层水股挑流消能特点

　　峡谷区高拱坝泄洪消能的特点是落差大、河谷狭窄、单宽流量大，挑流水垫塘消能是其泄洪消能的主要形式。以金沙江旭龙水电站为代表工程，研究了多层水股挑流消能的水垫塘底板冲击压力。挑射水流进入下游水垫塘后，主流不断扩散，流速不断降低，射流对水垫塘底板的冲刷与射流在水垫塘中的扩散特征密切相关。多股射流，特别是表深孔上下层联合水流，在水垫塘中形成更加复杂的流动结构，尤其是各层射流水股间的相互干扰和碰撞，可以大大加强流动区域的紊流脉动和混掺作用，使得射流水股对底板的破坏作用大为减弱。

　　当坝身泄洪为分层出流，射流以特定间距入水时，能充分发挥上游水股产生的动水垫效应；在该间距范围内，随着两股射流间距的逐渐增大，动水垫的作用逐渐减小，下游水股对床底的冲击压力逐渐增大，因此此时应尽量选择该间距范围内的较小值，以进一步减小下游水股对底板的冲击压力。

3.3.2 多层水股挑流消能冲击压力优化

拟建的金沙江旭龙水电站的正常蓄水位为 2 302 m，主体建筑物由 213 m 高河床双曲拱坝（坝顶高程为 2 308.00 m）、坝身泄洪建筑物、大坝下游人工水垫塘、右岸地下厂房等组成。该工程采用典型的挑流水垫塘消能形式。坝身泄洪建筑物采用 3 个表孔和 4 个中孔，对称、间隔布置。人工水垫塘沿泄洪中心线对称布置，水垫塘末端设置混凝土重力式二道坝。水垫塘采用复式梯形断面，底板顶面高程为 2 108.00 m，底长约为 280 m。上游段底宽 30 m，长约为 70 m，下游段底宽 60 m，长 185 m，中部衔接渐变段长度约 25 m。人工水垫塘顶高程 2 168.00 m 以下两岸侧墙边坡开挖坡度为 1∶0.3，高程 2 168 m 以上各级边坡开挖坡度为适应地形在 1∶1～1∶0.3 变化。

结合该工程，揭示了多层水股射流在水垫塘内的流动特征、消能机理和各水股射流之间的干扰碰撞特性。

原设计方案下，表孔单独泄洪时，水舌挑距较近，落点比较集中，入水角较大，底板水舌冲击区在桩号 0+120～0+140 m 处，动水压力出现峰值，实测最大冲击压力为 12.6×9.8 kPa。中孔单独泄洪时，水舌挑距较远，入水角较小，底板水舌冲击区不明显，动水压力分布较为坦化，未见明显的冲击压力。100 年一遇和 1 000 年一遇消能防冲设计洪水，表中孔联合泄洪时，入塘后在底板未形成明显的冲击压力。5 000 年一遇大流量洪水，表中孔全部敞泄时，由于表孔下泄流量比中孔要大，表孔水股的"竖向剪切"作用明显，表中孔水舌叠加后一起砸落在水垫塘中，入塘水股较为集中，底板形成了明显的冲击压力。实测底板最大冲击压力为 8.1×9.8 kPa。水垫塘底板动水压力分布图见图 3.14、图 3.15。

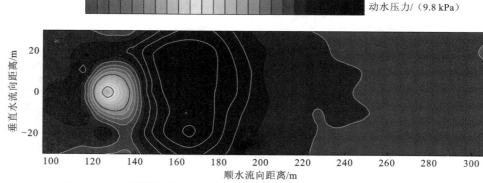

图 3.14 水垫塘底板动水压力分布图（原设计方案，表孔单独泄洪）

为改善原设计方案中水垫塘底板动水压力过于集中的问题，在优化方案中调整了表中孔泄量分配和体型，根据孔口结构、孔口水流流态、水垫塘及下游河道水力参数控制指标、雾化降雨强度影响等综合因素，选择合理的坝身表中孔出流水舌碰撞、少碰撞或无碰撞的消能方式[13]。

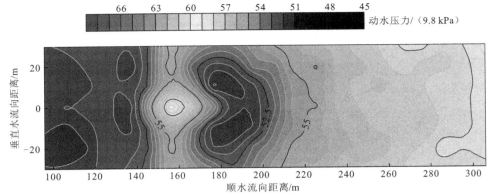

图 3.15　水垫塘底板动水压力分布图（原设计方案，5 000 年一遇洪水，表中孔敞泄）

在优化方案中，中表孔堰面末端 2 m 加-14°挑坎，边表孔边墙对称收缩 1 m；中孔出口后边墙不扩散，边中孔轴线向外侧偏转 3°，见图 3.16。

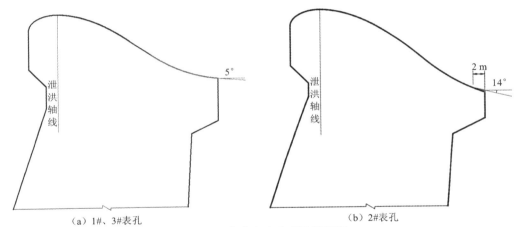

（a）1#、3#表孔　　　　　　　　　　　（b）2#表孔

图 3.16　优化方案中表孔侧视图

优化方案中，表孔单独泄洪时，中表孔水舌挑距较远，且发生小幅扩散，边表孔水舌在两侧收缩作用下挑距接近中表孔水舌，3 股水舌落点较为接近，入水角较大，底板水舌冲击区在桩号 0+120～0+140 m 处，动水压力出现峰值，实测最大冲击压力为 10.2×9.8 kPa。中孔单独泄洪时，水舌挑距较远，入水角较小，底板水舌冲击区不明显，动水压力分布较为坦化，未见明显的冲击压力。1 000 年一遇消能防冲设计洪水，表中孔联合泄洪时，上下水股发生空中碰撞，由于中孔水舌的"托垫"作用，碰撞后的水舌在空中消耗了一部分能量，入塘后在底板未形成明显的冲击压力，实测动水压力分布坦化，最大冲击压力出现在桩号 0+136 m 处，分布在水垫塘两侧，实测最大冲击压力为 6.3×9.8 kPa。5 000 年一遇大流量洪水，表中孔全部敞泄时，表孔水舌在空中交汇碰撞，但由于表孔下泄流量的增速比中孔要大，表孔水股的"竖向剪切"作用明显，表中孔水舌叠加后一起砸落在水垫塘中，入塘水股较为集中，底板形成了明显的冲击压力。实测底板最大冲击压力为 7.8×9.8 kPa，见表 3.5。

表 3.5　水垫塘底板冲击压力表　　　　　　（单位：9.8 kPa）

泄洪方式	最大时均压力	最大冲击压力	最大冲击压力部位/m
表孔单独泄洪	60.2	10.2	0+136
中孔单独泄洪	52.0	—	—
中孔敞泄，2 边表孔控泄（100 年一遇）	56.1	6.1	0+146
3 表孔、4 中孔全开（1 000 年一遇）	56.3	6.3	0+136
3 表孔、4 中孔全开（5 000 年一遇）	58.8	7.8	0+156

3.4　跌坎底流消力塘防护安全

3.4.1　调度方式与流态特征响应特征

向家坝水电站的泄洪消能方式是一种新型的布置形式，表孔单独开启运行、中孔单独开启运行和表中孔联合开启运行所呈现的流态特征复杂多样[14-16]。

1. 表孔单独开启运行

表孔单独开启运行，消力池水流流态与泄洪流量、下游水位密切相关，在不同的泄洪流量和下游水位组合下，主要呈现以下 3 种特征。

（1）仅淹没水跃。例如，泄洪流量 $Q \leqslant 1\ 000\ \mathrm{m^3/s}$，尾坎自由出流（消力池内水深 $h_t = 26.8\ \mathrm{m}$）时，射流形成淹没水跃，为较典型的底流流态，跌坎下水流平静，如图 3.17 所示。

图 3.17　表孔连续开启（泄洪流量为 1 000 m³/s，尾坎自由出流）

（2）表面射流+顺时针回流。当尾坎自由出流时，随着泄洪流量的增大（$Q \geqslant 8\ 000\ \mathrm{m^3/s}$），由于下游水位低，射流无法被淹没，表面流态呈现出表面射流特征；表面射流沿程在平面和纵剖面三维扩散，主流能量越来越弱，下游水位逐渐壅高，主流下部受阻转向，形成顺时针立面大回流，如图 3.18 所示。

图 3.18　表孔连续开启（泄洪流量大于等于 8 000 m³/s，尾坎自由出流）

　　（3）淹没水跃+顺时针回流。当下游水位较高，射流被淹没但无法全部形成水跃时，即呈现淹没水跃+顺时针回流流态；在表孔区域，表面是射流上部形成的淹没水跃区，中部是主射流及扩散区，下部是射流下部形成的顺时针回流区。由顺时针回流引起，在池首角隅区域产生漩涡，如图 3.19 所示。

图 3.19　表孔连续开启（$Q=12\,100$ m³/s，$h_t=32.35$ m）

　　在平面上，由于表孔间的间距较大（相邻表孔间距/表孔宽=3），表孔射流间的相互影响较小，各表孔区域流态特征一致。在未开启的中孔区域，当为仅淹没水跃特征时，水面平静；当为表面射流+顺时针回流特征时，中孔泄槽及池首表面平静，表面受射流剪切扩散影响，跌坎下游与表孔区域一样是顺时针回流区，但它由回流扩散形成，因此其能量较表孔下方的回流偏弱；当为淹没水跃+顺时针回流特征时，水跃表层漩滚能返涌进入中孔泄槽，引起较大的水面波动，有向表孔泄槽翻滚的现象，跌坎下游也为顺时针回流。

3 种特征流态的主要决定因素是水跃淹没度 σ_j。当水跃淹没度较低时，射流上部不淹没，无法形成水跃，则成为表面射流+顺时针回流特征；当水跃淹没度过高时，射流底部能量过低，无法形成回流，则成为仅淹没水跃特征。水跃淹没度的影响参数主要有跃前流速、跃前水深、表孔跌坎高度、泄槽宽度、消力池总宽、下游水深等。计算知：表孔单独开启时，$\sigma_j < 1.4$，消力池内水流流态为表面射流+顺时针回流特征；$1.4 \leq \sigma_j \leq 2.0$，为淹没水跃+顺时针回流特征；$\sigma_j > 2.0$，为仅淹没水跃特征。

2. 中孔单独开启运行

中孔单独开启运行，以开启 3 孔、4 孔和 5 孔为例进行介绍。中孔开启时中孔总突扩比（中孔数量×中孔宽度/消力池总宽）较小，为 0.28，因此非对称开启中孔或不开边中孔时，消力池流态不稳定，主流在池内折冲，形成平面大回流，应避免该开启方式。

开 3 个中孔：开启中间 3 孔（7#～9#中孔）但不开边孔，主流容易左右摆动；非对称开启 3 孔（6#～8#中孔或 8#～10#中孔），主流偏向开启一边。

开 4 个中孔：对称开启边孔（6#、7#、9#、10#中孔），形成两个向内对称的平面回流；非对称开启（7#～10#中孔）时，主流偏向开启一边。

对称开启中孔且开边中孔时，消力池水流呈淹没水跃流态，具有较典型的底流消能特征，流态稳定且平面对称。底部是中孔射流横向扩散区域，与表孔单独开启类似，部分扩散射流遇下游平静水体，受阻后转向，在表面形成逆时针方向的回流漩滚。逆时针回流向上游返涌，遇表孔内平静水流时受阻，继而顺着边墙及跌坎向下运动，回流漩滚在此角隅处产生立面剪切，间歇性生成立轴漩涡。

中孔单独开启没有出现大范围的顺时针回流流态，主要是由于中孔跌坎高度小，其水跃淹没度较表孔单独开启大，回流能量弱。此外，表面的逆时针回流漩滚会顺着未开启的表孔侧下潜，至底板后转为横向运动，横穿中孔射流下方区域，它破坏中孔射流形成的顺时针回流，甚至剪切中孔射流，形成纵轴漩涡。

若水跃淹没度过大，逆时针回流不会出现。例如，中孔小开度开启时，消力池内水位仍较高，水跃淹没度增大，仅表现出淹没水跃，池首未出现复杂的涡流结构。

计算知：中孔单独开启时，$\sigma_j \leq 2.5$，消力池内水流流态为淹没水跃+逆时针回流特征；$\sigma_j > 2.5$，仅为淹没水跃特征。

3. 表中孔联合开启运行

表中孔联合开启流态十分复杂，表现为表孔、中孔单独开启流态特征的叠加与交织，主要取决于相邻表孔射流与中孔射流之间的相互影响程度。表孔射流主要表现为对表面逆时针回流漩滚向下运动的阻隔，但当表孔开度较小时，表孔射流主要在表孔泄槽内产生水跃，能量不足以影响逆时针回流漩滚时，主要表现为中孔流态特征，如 5 个中孔全开+6 个表孔局部开启（图 3.20）。

图 3.20　5 个中孔全开+6 个表孔局部开启（开度为 0.85 m）

　　中孔射流主要影响与之相邻的表孔射流下方的顺时针回流，当开启中孔数较少时，如 6 个表孔全开+1 个中孔（8#中孔）全开，不足以影响主体流态，仍表现为表孔的淹没水跃+顺时针回流特征（图 3.21）。随着中孔开启数量的增多，逐渐呈现出复杂的表孔、中孔流态交织特征。

图 3.21　6 个表孔全开+1 个中孔全开

　　6 个表孔、5 个中孔全开时，水体紊动剧烈，射流动能消散主要集中在消力池的前半池，后半池水体较为平稳（图 3.22）。

图 3.22　6 个表孔、5 个中孔全开典型流态

3.4.2　调度方式与动水压力响应特征

针对消力池底板、边墙、中导墙的动水压力响应特征，测量和分析了高速水流引起的脉动压力与运行方式、流态特征、漩涡特征的相关关系。

1. 研究条件

动水压力响应特征研究在定（库）水位、定（闸门）开度条件下进行，表中孔泄流为恒定流过程，动水压力主要从随机分布特征、时域幅值特征、频域能量分布特征等方面进行研究。试验采样频率为 512 Hz，采样时长为 80 s。

时域幅值特征用均值、最大幅值、最小幅值、均方根等时域数字特征来表述。其中：均方根反映脉动压力强度，是工程设计的关键参数，常用无量纲的脉动压力系数 c'_p 衡量其大小；脉动压力的频域特性用自功率谱密度来表述。

就运行方式、复杂涡流流态特征对消力池底板及边墙的脉动压力时域幅值特征和频域能量分布特征的影响进行研究。

在消力池左半侧沿流向布置 9 列，沿横向布置 6 行，共计 54 个脉动压力测点（编号为 ME1～ME54）。ME1～ME9 测点所在的行是单池中心线，其余 5 行依次为闸墩中心线、表孔中心线、闸墩中心线、中孔中心线和边闸墩中心线，相对中心距（与单池中心线的距离/半单池宽度）分别为 0.09、0.19、0.28、0.37 和 0.83。

沿流向布置 9 列，沿高程布置 4 行（相对于表孔跌坎的高度分别为 0.125、0.531、0.938、1.344），共计 36 个脉动压力测点（编号为 MF1～MF36）。

为分析池首立轴漩涡的影响，在相对于边墙的高度为 0.531、相对于跌坎的距离为 0.1（桩号 0+133.6 m）处增设了 1 个测点，计为 MF0；对于跌坎处的漩涡，在边表孔（12#表孔）跌坎中心处和边中孔（10#中孔）相对于跌坎的高度为 0.75 处加设 2 个测点，分别计为 MC1 和 MC2。

2. 时域幅值特征

1）运行方式的影响

首先，介绍底板时域幅值特征。

表孔单独开启，消力池呈典型的淹没水跃和顺时针回流特征时，底板脉动压力系数沿程分布，底板 c'_p 在相对位置 2～3 内较大，在相对位置 2.5 处出现峰值 0.035，顺时针回流靠近池首，c'_p 平均为 0.023，约为峰值的 0.7；由于顺时针回流由射流下部受阻转向形成，总体来看，表孔中心线（相对中心距为 0.19）处脉动压力最大；回流运动过程中向两侧逐渐扩散，故闸墩中心线（如相对中心距为 0.09、0.28）处脉动压力略小于表孔中心线，而未开启的中孔中心线（如相对中心距为 0.37）处脉动压力最小；表孔区最大脉动压力系数约为中孔区的 1.3 倍。

中孔单独开启，消力池呈典型的淹没水跃和逆时针回流特征时，底板 c_p' 沿程分布，c_p' 在相对位置 2.5～5.0 内较大，在相对位置 3.75 左右处出现峰值 0.043；由于水跃及中孔射流的扩散作用在中孔区较强，中孔中心线（相对中心距为 0、0.37）处脉动压力最大，闸墩中心线（如相对中心距为 0.09、0.28、0.83）处脉动压力略小，未开启的表孔区域因横向距离最大而受扩散影响最小，其中心线处脉动压力也最小（如相对中心距为 0.19）；中孔区最大脉动压力系数平均约为表孔区的 1.6 倍。

表中孔联合开启，底板脉动压力沿程分布，在相对位置约 1.67 处，中孔射流簇扩散临底，表孔射流簇产生回流，两者相互掺混与剪切，使该位置的底板 c_p' 出现较大峰值，约为 0.07，是中孔单独开启最大值的 1.6 倍，是表孔单独开启最大值的 2.0 倍；并且，由于剧烈掺混，除靠边墙的闸墩中心线外，底板大部分区域横向分布较均匀，相同的相对位置，c_p' 在横向间平均相差 20% 以内。因为边墙在相对高度 0.94 以下设置了 1:3 的贴坎，相当于压缩了边表孔及边中孔射流的运动空间，所以在边闸墩中心线区域脉动压力较大（图 3.23）。

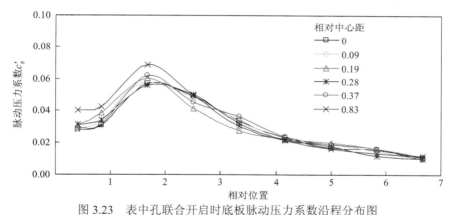

图 3.23　表中孔联合开启时底板脉动压力系数沿程分布图

然后，介绍边墙时域幅值特征。

表孔单独开启时，边墙脉动压力系数沿程分布，沿高度方向脉动压力呈先增大后减小的趋势，下部为顺时针回流区，脉动压力较小；相对高度（距底板高度/表孔跌坎高度）0.94 左右处为高速射流下缘的强剪切区，c_p' 在相对位置 1.25 处出现较大峰值，最大达 0.17，其后迅速衰减；再向上水跃能量减小，脉动压力减小，但仍大于回流区；强剪切区的脉动压力系数约为回流区的 5 倍。

中孔单独开启时，边墙 c_p' 沿程分布，相对高度 0.53 处，即中孔射流横向扩散的区域，脉动压力较大，沿高程向上、向下皆有递减趋势，边墙 c_p' 峰值大小、出现的相对位置与底板相同；由于边墙处的逆时针回流是由中孔的水跃扩散形成的，没有强烈的水气掺混区，逆时针回流区脉动压力较小。

表中孔联合开启时，边墙 c_p' 沿程分布，在相对位置 2.5 以内脉动压力较大，其后衰减较快；近底区域（相对高度为 0.125）同样受边表孔射流产生的顺时针回流及临底的中孔射流的影响，脉动压力系数在相对位置 1.67 处出现峰值，沿程分布趋势与底板边闸墩中心线较为一致；相对高度 0.53 处在相对位置 0.83～1.67 内脉动压力较大，c'_p 最大约为 0.09，主要由中孔射流的横向扩散所致，受表孔射流下方的顺时针回流影响，与中孔单独开启工况相比，扩散位置前移（中孔单独开启扩散位置约为相对位置 2.50 处），幅值约为它的 2 倍；因表孔开启，相对高度 0.94 处脉动压力系数仍较大，不同的上下游水位组合在相对位置 0.42～0.83 内有较大峰值，c'_p 最大约为 0.16，与表孔单独开启一致；相对高度 1.344 及以上为表孔射流和表面逆时针漩滚回流区，不同工况下 c'_p 的最大值都与相对高度 0.53 处的最大值接近（图 3.24）。

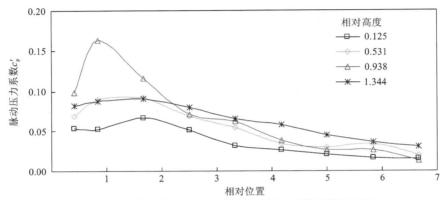

图 3.24　表中孔联合开启时边墙脉动压力系数沿程分布图

2）流态特征参数的影响

通过调节闸门开度、上下游水位，分析流态特征参数对动水压力的影响。

表孔单独开启，变化表孔开度时，随着表孔开度的增加，跃前水深、跃前流速都逐渐增大，射流下部受阻形成的顺时针回流强度相应增强，因此底板脉动压力整体增大。边墙处脉动压力主要与射流簇的能量及其淹没度有关，当表孔开度较小时，水跃能量大部分在泄槽内消耗，对边墙的动水作用较小；随着开度的增大，射流簇水流能量增大，淹没度减小，强烈的水气掺混使脉动压力大幅增强；开度进一步增大，流态特征逐渐向表面射流转换，边墙脉动压力减小；临界淹没度约为 1.5。

中孔单独开启，库水位变化时，随着上游库水位的升高，中孔跃前水深、跃前弗劳德数都逐渐增大，射流簇水流能量的增强使水跃漩滚紊动相应增强，因此底板脉动压力普遍增大，c'_p 峰值位置逐渐由相对位置 2.50 处下移至相对位置 3.75 处。边墙处脉动压力峰值主要源于中孔射流的横向扩散，因此随着射流簇水流能量的增大而增大，在较高的淹没度（淹没度>1.8）下，c'_p 会随着淹没度的减小而增大。

表中孔联合开启，改变库水位时，随着上游库水位的升高，表中孔跃前水深、跃前弗劳德数都逐渐增大，中孔射流簇的竖向扩散、临底强度和表孔射流簇形成的顺时针回流强度都相应增强，因此底板脉动压力普遍增大。边墙处脉动压力峰值主要源于边表孔处的强剪切及水气掺混，在较高的淹没度下，c'_p 会随着射流簇能量的增强而增大，随着综合淹没度的减小而减小（图 3.25）。

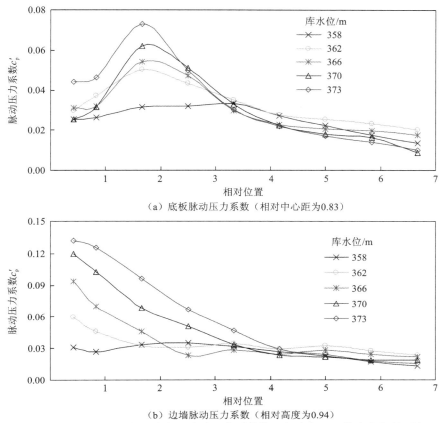

（a）底板脉动压力系数（相对中心距为0.83）

（b）边墙脉动压力系数（相对高度为0.94）

图 3.25　表中孔联合开启时消力池脉动压力系数的沿程分布（下游水位保持不变）

3）漩涡区动水压力

漩涡对边壁动水压力的影响是判断漩涡危害性的重要依据之一。表孔单独开启时，在边墙和跌坎角隅处生成立轴漩涡，将池首受漩涡影响的边墙测点 MF0（相对于跌坎的距离为 0.1）与主要受回流影响的同高程相邻测点 MF10（相对于跌坎的距离为 0.3）进行对比。MF0 测点脉动压力系数明显大于 MF10，且 MF0 的 c'_p 与立轴漩涡的持续度更为相关，两者的相关系数为 0.95，而 MF10 的相关系数为 0.85。由此可见，表孔单独开启时，受立轴漩涡影响，边壁脉动压力会增大，试验范围内平均增大 25%左右。

中孔单独开启时，在中孔跌坎下方生成纵轴漩涡，在边墙和跌坎角隅处生成立轴漩涡。将池首受纵轴漩涡影响的边中孔跌坎测点 MC2（相对于中孔跌坎的高度为 0.75）与主要受逆时针回流影响的相邻边表孔跌坎测点 MC1（相对于中孔跌坎的高度为 1.00）进行对比。MC2 测点的脉动压力系数明显大于 MC1，且 MC2 的 c'_p 与纵轴漩涡的持续度更为相关，两者的相关系数为 0.88，而 MC1 与之的相关系数为 0.69。受能量较强的纵轴漩涡的影响，边壁的脉动压力也会增大，试验范围内比相邻未产生漩涡的区域平均增大约 130%。

中孔单独开启时，也在边墙和跌坎角隅处生成立轴漩涡，将池首受漩涡影响的边墙测点 MF0 与主要受逆时针回流影响的同高程相邻测点 MF10 进行对比。MF0 测点的脉动压力系数远大于 MF10，MF0 的 c'_p 平均比 MF10 大约 150%，但 MF0 与立轴漩涡的持续度的相关系数仅为 0.62，而 MF10 为 0.85。这与表孔立轴漩涡对边壁脉动压力的影响截然不同，分析发现，这主要由逆时针回流向上游返涌至表孔时，与其中较静止的水深在池首发生涌浪所致。中孔单独开启时，跌坎附近的涌浪比立轴漩涡对边墙的脉动压力时域幅值特征的影响大（图 3.26）。

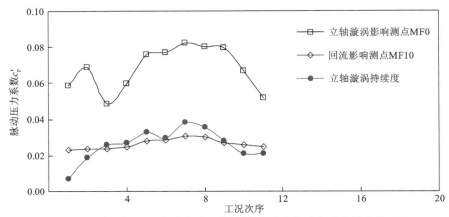

图 3.26　中孔单独开启时边墙处立轴漩涡对脉动压力系数影响的对比

表中孔联合开启时，在边墙相对位置 0.2～0.7 内以较高频率产生立轴漩涡，而此时在边墙和跌坎的角隅处则较少产生。将受边墙处立轴漩涡影响较大的测点 MF11、边墙和跌坎的角隅处测点 MF0 与边墙处立轴漩涡持续度进行对比。MF11 测点脉动压力系数明显大于 MF0，且 MF11 的 c'_p 与边墙处立轴漩涡的持续度较为相关，两者的相关系数为 0.82，而 MF0 与之的相关系数仅为 0.43。与表孔单独开启时由回流形成的角隅处立轴漩涡相比，边墙处立轴漩涡的能量较强，受其作用，边壁的脉动压力也会增大，试验范围内比相邻未产生漩涡的区域平均增大约 45%（图 3.27）。

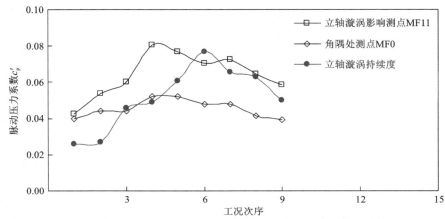

图 3.27　表中孔联合开启时边墙处立轴漩涡对脉动压力系数影响的对比

表中孔联合开启时，在跌坎处主要生成纵轴漩涡，其次是底部的横轴漩涡，立轴漩涡最少。因为表孔开启，表面逆时针漩滚无法再顺表孔区域向下运动形成能量较强且较稳定的横向流，所以中孔下方跌坎处没有中孔单独开启时较固定的纵轴漩涡特征，而主要是由沿边闸墩向下运动的回流在表孔下方形成的纵轴漩涡。将受表孔下方纵轴漩涡影响较大的测点 MC1、未受纵轴漩涡影响的中孔跌坎测点 MC2 与纵轴漩涡持续度进行对比。MC1 测点的脉动压力系数明显大于 MC2，且 MC1 的 c'_p 与纵轴漩涡的持续度较为相关，两者的相关系数为 0.79，而 MC2 与之的相关系数仅为 0.59。与中孔单独开启时由较强横向流剪切中孔射流形成的纵轴漩涡相比，表孔下跌坎处纵轴漩涡的能量较弱，但受其作用，边壁的脉动压力仍会增大，试验范围内比相邻未产生漩涡的区域平均增大约 55%（图 3.28）。

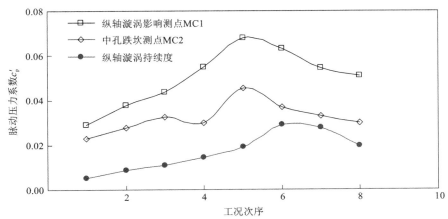

图 3.28　表中孔联合开启时表孔下跌坎处纵轴漩涡对脉动压力系数影响的对比

3. 频域能量分布特征

1）运行方式的影响

首先，介绍底板频域能量分布特征。

表孔单独开启时，底板所有测点的能量集中在 10 Hz 以内，主频都一致，均为 0.25 Hz，沿程及横向均没有变化，表现出由流场中的时均能量引起的大尺度漩涡的低频特征。尽管底板的脉动压力以低频成分为主，但在池首流态较紊乱的区域与消能较充分的尾流区在高频成分方面存在区别。将表孔中心线上相对位置 0.625 处的测点与相对位置 5 处的测点的频谱图进行对比，池首测点的频谱上明显存在第二优势频率，而相对位置 5 处不存在，说明水跃区、回流区等的特征流态主要影响频域能量分布内的高频成分。定义第二优势频率 f_2 为忽略 0.5 Hz 以下频段后的主要频率，下面重点研究射流簇边壁动水压力的第二优势频率。

脉动压力第二优势频率大于 3 Hz 的范围主要集中在相对位置 2 以内，横向上开启的表孔中心线（相对中心距为 0.19）处频率最高，闸墩中心线（相对中心距为 0.28、0.83）

其次，未开启的中孔中心线（相对中心距为 0、0.37）最低，这与时域幅值特征分布规律一致，表明池首顺时针回流强度对脉动压力第二优势频率有较大影响（图 3.29）。

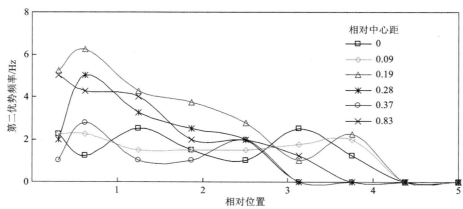

图 3.29　表孔单独开启时消力池底板脉动压力第二优势频率的沿程分布

中孔单独开启时，受水跃影响，池首相对位置 5 以内脉动压力优势频率普遍较高，各工况下脉动主频在 2～4 Hz 内变化，脉动压力第二优势频率的沿程分布如图 3.30 所示；相对位置 6.25 后基本已为跃尾，消能较为充分，第二优势频率逐渐衰减，相对位置 10 处的频域分布往往没有高频分量。横向上，中孔中心线高频区域范围较长，与之相邻的闸墩中心线其次，表孔中心线与中孔射流横向距离较远，第二优势频率衰减较快。

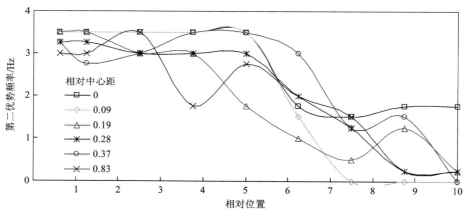

图 3.30　中孔单独开启时底板脉动压力第二优势频率的沿程分布

表中孔联合开启时，底板脉动压力的影响因素较为复杂，不仅受水跃影响，而且受到中孔射流簇扩散、表孔射流簇产生的顺时针回流及两者掺混与剪切的影响。三种典型开启方式下，流能比相近时，相同测点底板脉动压力频域能量分布低频分量频率大小一致；表孔单独开启时，由顺时针回流引起的 f_2 最高，但其能量最小；中孔单独开启时，f_2 其次，能量大于表孔单独开启；表中孔联合开启时，f_2 最低，但能量最大；不同流能比时也有此规律（图 3.31）。

然后，介绍边墙频域能量分布特征。

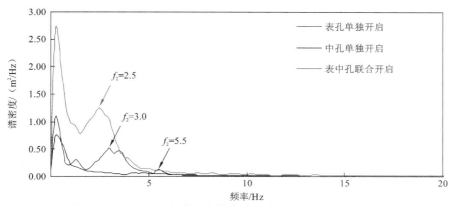

图 3.31　不同运行方式对底板脉动压力频域分布特征的影响

表孔单独开启时，边墙相对高度 0.53 以下为顺时针回流区，该区域脉动压力频域分布与底板测点基本一致，主频为 0.25 Hz，也存在第二优势频率；相对高度 0.94 以上为受射流与淹没水跃影响的强烈水气掺混区，主频较高，最高达 7.5 Hz，由于大量掺气，频域分布较为紊乱。

中孔单独开启时，边墙第二优势频率在高度方向上变化不大，沿程分布与底板较为一致，说明边墙的脉动压力的高频成分也主要由水跃及中孔射流的横向扩散引起，各工况下该频率也为 2～4 Hz。

表中孔联合开启时，相对高度 0.53 及以下区域主要受中孔射流横向扩散及表孔射流下方的顺时针回流影响，脉动压力频域分布与底板边闸墩中心线测点基本一致；相对高度 0.94 以上为受表孔射流与淹没水跃影响的强烈水气掺混区，相对于底部区域，其频率高，频带宽。

三种开启方式低频分量频率一致，均为 0.25 Hz；中孔单独开启时，边墙受中孔射流横向剪切扩散影响，因此其脉动压力第二优势频率最低，由于中孔水跃未直接作用于边墙，其能量最小；表孔单独开启时，水跃漩滚大量掺气，频带最宽，水跃得到较充分发展，能量由大尺度低频涡体转给小尺度高频耗散涡，因此其第二优势频率最高，能量远大于中孔单独开启情况；表中孔联合开启时，中孔水跃漩滚对表孔水跃漩滚的干扰在一定程度上抑制了表孔水跃的充分扩散、发展，因此与表孔单独开启工况相比，其脉动压力高能频带较窄，第二优势频率较低，但能量较大（图 3.32）。

2）漩涡对脉动压力频域分布特征的影响

表孔单独开启时，在边墙和跌坎角隅处生成立轴漩涡，将池首受漩涡影响的边墙测点（相对于跌坎的距离为 0.1）与主要受回流影响的同高程相邻测点（相对于跌坎的距离为 0.3）进行对比。漩涡影响测点的脉动压力第二主频与立轴漩涡的频率较相关，两者的相关系数为 0.87，而回流影响测点与之的相关系数为 0.61。立轴漩涡与脉动主频相关，但在脉动压力频谱图中没有直接出现漩涡的频率，这主要是因为漩涡现象是涡量的一个集中体现，与紊流类似，漩涡同样包含各级微观涡系，漩涡在旋转运动过程中将能量逐级传递给微观涡系，最终由于黏性作用，涡量不断被耗散，能量逐渐由机械能转换成热能，直至无法维系漩涡运动。在漩涡生成、发展、溃灭的过程中，主要由其微观涡系影响边壁脉动压力的频域分布，而不是漩涡本身的频率。但宏观漩涡的频率及强度在一定程度上也会影响微观涡系的频率，因此可以认为漩涡间接贡献边壁脉动压力的第二主频，表孔单独开启时，相比顺时针回流，立轴漩涡使脉动压力频率偏低，但时域幅值增大。

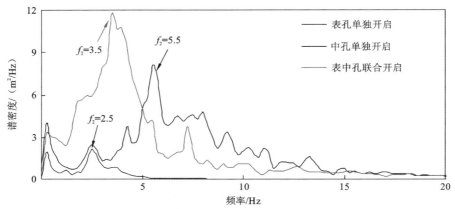

图 3.32　不同运行方式对边墙脉动压力频域分布特征的影响

中孔单独开启时，同样在边墙与跌坎的角隅处产生立轴漩涡。回流影响测点第二优势频率的谱密度值与水流基频相差不大，但受立轴漩涡影响，其贡献的第二优势频率谱密度值远小于涌浪频率的谱密度值，两者在数值上相差 10 以上。由此可见，中孔单独开启时，立轴漩涡能量不大，对边壁脉动压力频域分布的影响远小于涌浪。

中孔单独开启时，在中孔跌坎下方产生纵轴漩涡，MC1、MC2 的第二优势频率完全一致，仅在频域能量上 MC2 大于 MC1，这也与时域幅值特征相对应，变化上下游水流条件时同样有此规律。这说明中孔单独开启时，纵轴漩涡对脉动压力的频率分布影响较小，但会增大优势频带内的能量。

表中孔联合开启时，在边墙相对位置 0.2～0.7 内产生立轴漩涡，在表孔下方跌坎面主要生成纵轴漩涡。变化上下游水流条件时，将受边墙处立轴漩涡影响较大的测点 MF11 和影响较小的测点 MF0、跌坎处受纵轴漩涡影响的测点 MC1 与未受漩涡影响的测点 MC2 的第二优势频率列于表 3.6 中。数据显示，无论是边墙还是跌坎，两者的第二优势频率基本一致，各工况下由中孔射流簇与顺时针回流相互掺混、剪切引起的频率范围为 1.5～3.0 Hz。这说明表中孔联合开启时，漩涡对边壁脉动压力的频率分布影响较小，但同样会增大优势频带内的能量。

表 3.6　表中孔联合开启，变化上下游水位时 f_2 的沿程变化　　　（单位：Hz）

部位	相对位置	测点编号	相对于上游的水位				相对于下游的水位			
			9.42	9.75	9.42	9.75	3.77	3.93	4.10	4.43
边墙相对高度 0.531	0.42	MF0	2.50	2.25	2.75	2.75	3.00	2.75	3.00	2.25
	0.83	MF11	2.50	2.50	2.75	2.75	3.00	2.50	2.75	2.50
边表孔跌坎	0.00	MC1	2.50	2.75	2.75	2.75	2.75	2.75	3.00	2.25
边中孔跌坎	0.00	MC2	2.50	2.75	2.75	2.75	2.75	2.75	3.00	2.25

3.5　消能防护设施破坏分析

3.5.1　情况统计

　　调研了国内外 30 余个出现过消能防护设施破坏问题的工程案例，并对其泄洪消能布置、破坏前运行情况、破坏区域、破坏类型及破坏原因等进行了分类统计、分析和总结[17-21]。

　　调研了 30 余个国内外典型工程消能防护设施的破坏情况，坝高与泄洪总功率、消能水头与总泄流量的关系如图 3.33、图 3.34 所示。

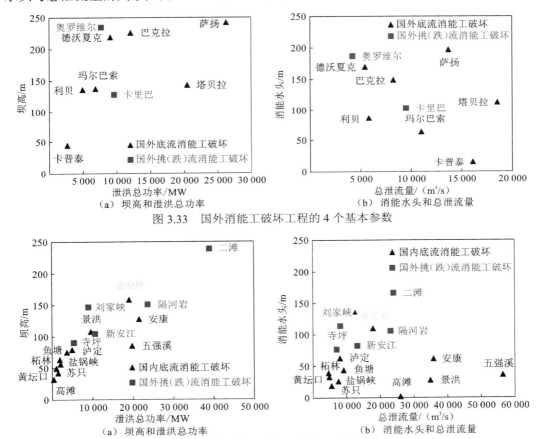

图 3.33　国外消能工破坏工程的 4 个基本参数

图 3.34　国内消能工破坏工程的 4 个基本参数

3.5.2　运行情况

　　所统计的 27 个国内外破坏工程的首次破坏年份、破坏前运行时间如图 3.35、图 3.36 所示，破坏前的最大泄流量与占总泄流量的比例的关系如图 3.37 所示。

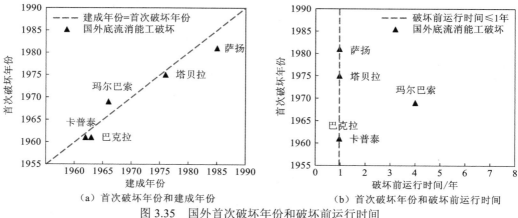

（a）首次破坏年份和建成年份　　　　　　（b）首次破坏年份和破坏前运行时间

图 3.35　国外首次破坏年份和破坏前运行时间

建成指机组全部投产

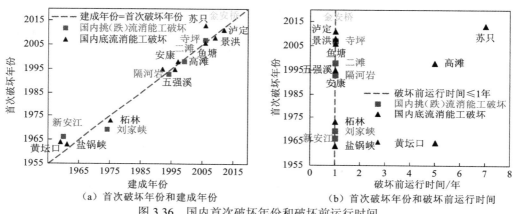

（a）首次破坏年份和建成年份　　　　　　（b）首次破坏年份和破坏前运行时间

图 3.36　国内首次破坏年份和破坏前运行时间

建成指机组全部投产

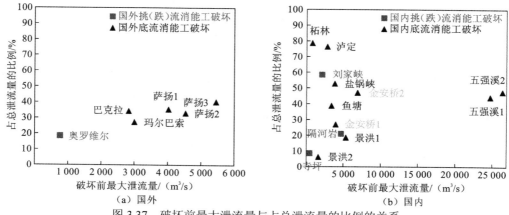

（a）国外　　　　　　　　　　　　（b）国内

图 3.37　破坏前最大泄流量与占总泄流量的比例的关系

3.5.3　破坏原因

泄洪消能防护结构出现的破坏问题多发生在工程运行初期（工程建成前后），并且大都出现在消能工开始投入运行的首个汛期（或首年）后。根据典型破坏工程的统计情况，主要破坏原因如下：①空蚀破坏。体型设计不当及表面施工不平整是消能工发生空蚀破坏的主要原因。修复时，主要有增设掺气减蚀设施、改进消能工体型及保证施工平整度等措施。②磨蚀破坏。石砾等物质进入水垫塘是底板发生磨蚀破坏的主要原因；脉动压力、闸门长期频繁或小开度运行、施工质量、高含沙水流等也是消能工磨蚀或冲蚀破坏的原因之一。③冲刷和失稳破坏。作用在底板表面和底部的动水荷载是消能工冲刷与失稳破坏的主要原因；分缝不设止水、止水不良或发生破坏、存在表面排水孔等给脉动压力创造了传递通道，上下表面压力差产生的巨大上举力容易造成板块失稳；消能工防护设施不足、排水不畅、板块层间或与基岩的结合不良、抗浮稳定计算失误等导致的底板稳定性裕度不足也是消能工发生失稳破坏的重要原因；施工质量不佳、不良运行方式或非正常工况运行等也是消能工失稳的重要原因。

第 **4** 章

枢纽泄洪诱发的场地振动、低频声波、雾化及调控方式

通过研究特大型水利工程泄洪消能区及下游产生的场地振动、低频声波、雾化现象，揭示枢纽泄洪诱发场地振动、低频声波、雾化的机理，研究不同影响因素与响应间的相关关系，提出泄洪场地振动、低频声波及雾化降雨调控响应特性与安全调控技术。

4.1 泄洪诱发场地振动

4.1.1 泄洪诱发场地振动特性

枢纽泄洪诱发的场地振动特性是探寻振源、明晰机理、提出减振和抑振措施的基础。对向家坝水电站进行原型观测,分析振动的传播规律及影响因素[22-28]。

1. 测试方法

在下游县城布置了近 40 个振动传感器测点,与消力池的距离分别约为 0.5 km、0.75 km、1.0 km、1.5 km、2.0 km 及 2.5 km,监测建筑物主要包括民居、校舍等房屋建筑及附近地基,下游河床出露基岩,化工厂区等。监测分析了顺河向、横河向和竖直向三个方向的振动位移、振动速度、振动加速度和振动主频等参数。振动测点布置示意图见图 4.1,图中⑪等为测点编号。

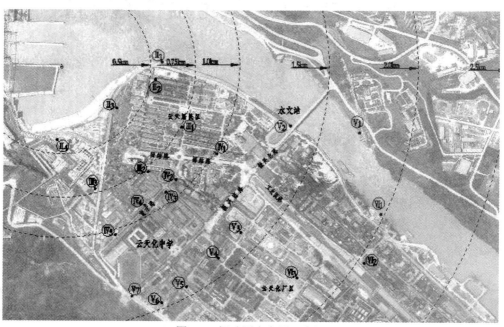

图 4.1　振动测点布置示意图

2. 监测工况

监测工况选取 2012~2015 年较典型的泄洪工况,列于表 4.1 中,运行方式包括中孔单独开启、表孔单独开启和表中孔联合开启。

表 4.1　监测工况

工况	上游水位 /m	下游水位 /m	总流量 / (m³/s)	中孔泄量 / (m³/s)	表孔泄量 / (m³/s)	调度方式
1	353.04	272.11	7 300	6 606	0	1#～5#中孔开度为 6.0 m, 6#～10#中孔开度为 5.8 m
2	353.26	270.80	4 030	3 320	0	1#、3#、5#中孔开度为 3.9 m, 2#、4#中孔开度为 3.4 m, 6#、8#、10#中孔开度为 2.8 m, 7#、9#中孔开度为 2.4 m
3	352.16	266.67	1 570	330	0	6#、10#中孔开度为 1.3 m
4	353.33	267.40	2 430	880	0	6#、8#、10#中孔开度为 2.7 m
5	353.29	266.90	2 050	550	0	1#、5#中孔开度为 2.4 m
6	353.38	267.41	2 300	960	0	1#、5#中孔开度为 4.5 m
7	353.38	267.41	2 300	686	0	1#、5#中孔开度为 1.4 m, 2#、4#中孔开度为 1.3 m
8	370.89	272.33	6 460	1 910	1 300	8#～11#表孔开度为 2.2 m, 6#～10#中孔开度为 2.9 m
9	371.00	272.66	7 090	1 960	1 860	8#～11#表孔开度为 4.8 m, 6#～10#中孔开度为 2.9 m
10	370.81	274.11	8 640	2 730	2 560	8#～11#表孔开度为 5 m, 6#～10#中孔开度为 4 m
11	371.70	275.32	8 990	2 890	2 760	8#～11#表孔开度为 7.5 m, 6#～10#中孔开度为 5 m
12	371.75	276.04	9 870	2 890	3 280	8#～11#表孔开度为 10 m, 6#～10#中孔开度为 5 m
13	371.35	275.98	10 250	0	6 880	7#～12#表孔全开
14	371.97	275.08	10 700	4 170	3 180	7#、12#表孔开度为 5.8 m, 8#～11#表孔开度为 5 m, 6#、8#、10#中孔开度为 3 m, 7#、9#中孔全开
15	371.92	275.38	10 700	4 170	3 180	7#、12#表孔开度为 5.8 m, 8#～11#表孔开度为 5 m, 1#～10#中孔开度为 3 m
16	379.20	275.38	10 500	3 750	3 700	2#～5#、8#～11#表孔开度为 3.3 m, 1#～10#中孔开度为 2.7 m
17	379.09	274.06	8 810	2 720	3 080	2#～5#、8#～11#表孔开度为 2.5 m, 1#～10#中孔开度为 1.9 m
18	379.20	273.00	8 130	2 720	2 420	2#～5#、8#～11#表孔开度为 1.7 m, 1#～10#中孔开度为 1.9 m
19	379.30	271.56	5 950	1 890	1 130	8#～11#表孔开度为 1.5 m, 1#～5#中孔开度为 1 m, 6#～10#中孔开度为 1.5 m

3. 场地振动响应特性

1）随机分布特征

典型的场地振动随机分布特征如图 4.2～图 4.4 所示（图中三条曲线分别为顺河向、横河向和竖直向的振动）。由振动速度过程曲线可知，场地振动过程表现为连续型平稳随机振动，并伴有冲击特性。

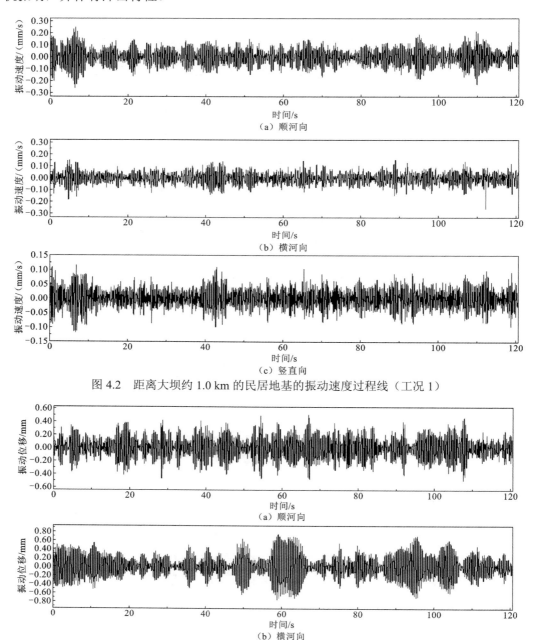

图 4.2　距离大坝约 1.0 km 的民居地基的振动速度过程线（工况 1）

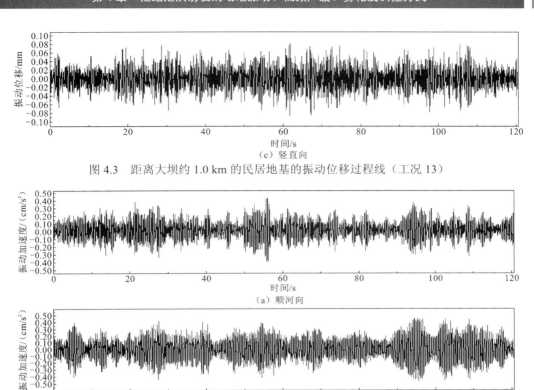

图 4.3　距离大坝约 1.0 km 的民居地基的振动位移过程线（工况 13）

图 4.4　距离大坝约 1.0 km 的民居地基的振动加速度过程线（工况 19）

2）时域幅值特性

总体而言，场地振动的时域幅值特性具有以下特点。

（1）最大场地振动响应出现在工况 1，最大位移的均方根为 4.56 μm，峰值为 15.95 μm，最大振动速度的均方根为 0.07 mm/s，峰值为 0.26 mm/s。

（2）水平向（顺河向、横河向）的振动大小基本相当，竖直向较小。

（3）振动响应影响因素复杂，与场地地质条件、泄量、调度方式等密切相关。

3）频域能量分布特性

场地振动位移、速度和加速度的频域能量分布特性用自功率谱密度 S_{xx} 来表述：

$$S_{xx}(f) = 2\int_{-\infty}^{\infty} R_{xx}(\tau)e^{-j2\pi f\tau}d\tau \tag{4.1}$$

式中：$R_{xx}(\tau) = \lim\limits_{T \to \infty} 1/T \int_{0}^{T} x(t)x(t+\tau)\mathrm{d}t$，为自相关函数，$T$ 为采样时间，$x(t)$ 为 t 时刻的信号序列；f 为频率；τ 为时间延迟。

场地振动为低频振动，主要能量集中在 5 Hz 范围内，主频为 1.5～3.2 Hz，如图 4.5～图 4.7 所示（图中三条曲线分别为顺河向、横河向和竖直向的振动）。

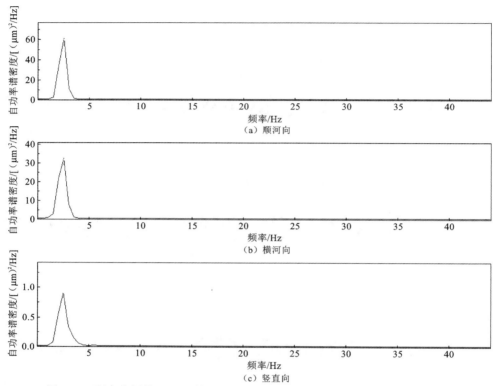

图 4.5　距离大坝约 1.0 km 的民居地基的振动位移自功率谱密度图（工况 1）

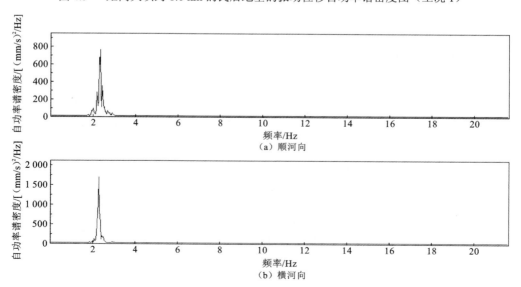

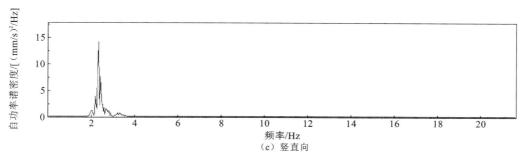

图 4.6　距离大坝约 1.0 km 的民居地基的振动速度自功率谱密度图（工况 13）

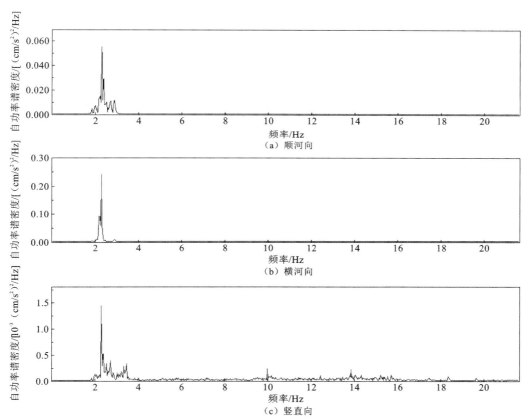

图 4.7　距离大坝约 1.0 km 的民居地基的振动加速度自功率谱密度图（工况 19）

4. 场地振动区域分布特征

1）监测区域构成

将消力池基础、下游县城建筑物和基岩、化工厂区共 33 个监测点围成的监测区域绘于图 4.8 中，图中 33 个节点即监测点，其中右下角 1 号节点为县城南郊，左上角 33 号节点为灌浆廊道左侧。

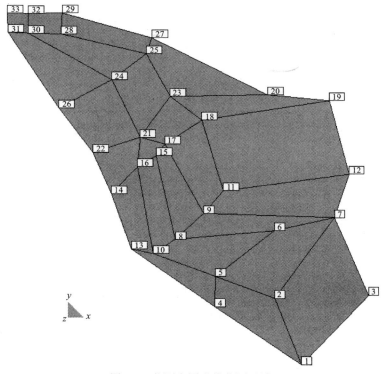

图 4.8 监测点围成的监测区域

2）振动强度区域分布

选择坝区三个监测工况（工况 3～5）进行分析，图 4.9～图 4.11 为三个工况下振动速度均方根的分布云图和等值线图。从图 4.9～图 4.11 可以看出：振动分布区域差异明显，主要与地质构造有关。古河道区域振动较大，主要是从距离大坝约 1.0 km 的民居周围开始沿二号路向东至白云宾馆、化工路 29 幢，再延伸至化工厂南门附近的一个条带状区域（节点 4、10、14、22、26、31）；靠近江边的大部分区域基岩埋深浅，振动较小。

顺河向和横河向振动分布特征清晰，竖直向略差，因为局部区域（如化工厂区煤库立柱、混凝土拌和楼等）的振动受机械运行影响，如工况 5，化工厂停产，煤库立柱的竖直向振动显著降低。

4.1.2 泄洪诱发场地振动机理

由场地振动特性可知，在泄量、地质构造条件一定的情况下，运行方式对振动的影响较大，不当的运行方式会在小流量下诱发较大的场地振动。而掌握其中的机理，是进行振动预测分析、提出有效的减振和抑振措施的关键。结合大比尺模型试验数据，从运行方式→流态特征、流态特征→激励特性、激励特性→振动响应三方面揭示其影响机制与机理。

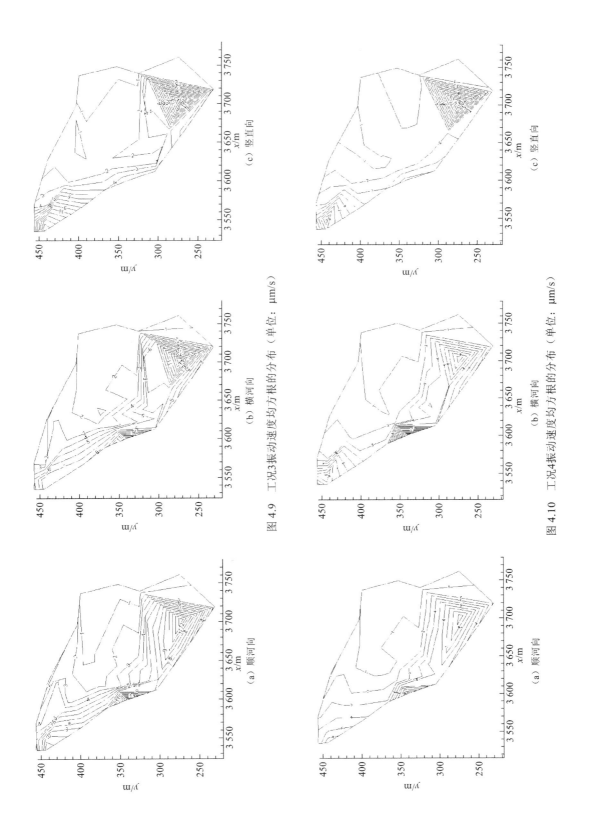

图 4.9　工况 3 振动速度均方根的分布（单位：μm/s）

图 4.10　工况 4 振动速度均方根的分布（单位：μm/s）

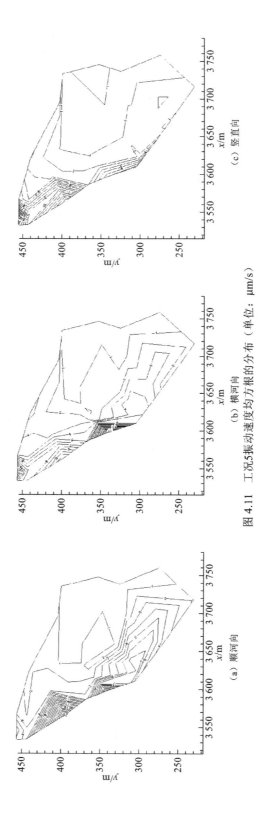

图 4.11　工况 5 振动速度均方根的分布（单位：μm/s）

1. 运行方式→流态特征

向家坝水电站的泄洪消能是在底流消能基础上,融入"分层出流、横向分散"的挑流消能理念的一种复合型消能方式,流态特征复杂多样,详见 3.4.1 小节。

2. 流态特征→激励特性

动水压力是一个不断波动的随机过程,时均压力反映测量时段内动水的平均作用力,围绕时均压力上下波动的是脉动压力。由脉动压力引发的板块失稳、空蚀、振动等破坏事故屡见不鲜。对于射流簇底流消能,场地振动的振源即泄水脉动压力,详见 3.4.2 小节。

3. 激励特性→振动响应

为了研究动水激励荷载与场地振动响应间的关系,对于现场监测工况,在 1∶40 模型中进行了反演。分别对坝面中隔墙、消力池底板和导墙的 1.5～3.5 Hz 频带的最大面脉动压力与下游距离大坝约 1.0 km 的民居地基的最大振动速度均方根建立关系曲线,如图 4.12～图 4.14 所示。由图 4.12～图 4.14 可见,场地振动响应与各部位最大面脉动压力有良好的正相关关系,随着最大面脉动压力的增大,场地振动响应呈增大趋势。但从不同部位的对比可见,中隔墙两参数的相关度最高,其次是底板,最后是导墙。这表明不同部位的激励特性对场地振动响应的贡献不同。

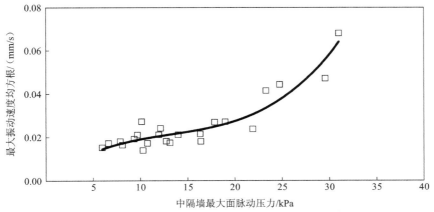

图 4.12　距离大坝约 1.0 km 的民居地基的最大振动速度均方根
与中隔墙最大面脉动压力的关系

另外,不同部位的激励与不同方向的振动响应的相关度也不同。图 4.15、图 4.16 分别为横河向及竖直向振动速度均方根与坝面中隔墙、消力池底板和导墙最大面脉动压力的相关关系。相对而言,横河向振动速度均方根与中隔墙最大面脉动压力的相关度最高,竖直向振动速度均方根则与底板最大面脉动压力的相关度最高。

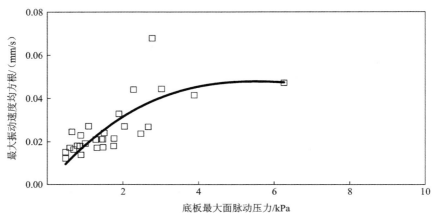

图 4.13　距离大坝约 1.0 km 的民居地基的最大振动速度均方根
与底板最大面脉动压力的关系

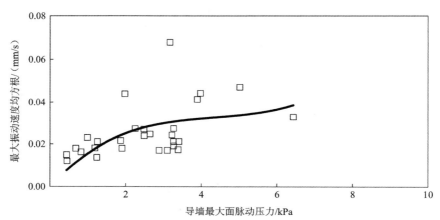

图 4.14　距离大坝约 1.0 km 的民居地基的最大振动速度均方根
与导墙最大面脉动压力的关系

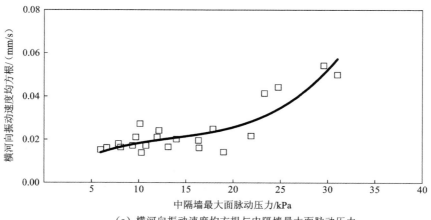

（a）横河向振动速度均方根与中隔墙最大面脉动压力

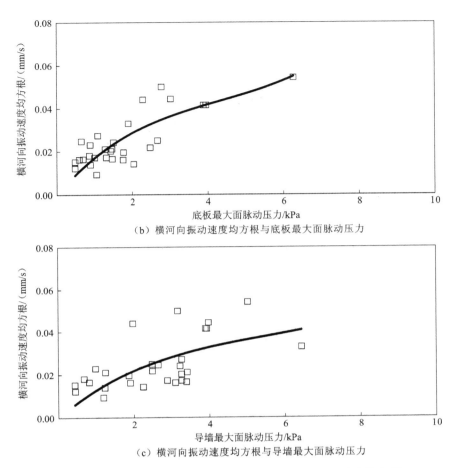

（b）横河向振动速度均方根与底板最大面脉动压力

（c）横河向振动速度均方根与导墙最大面脉动压力

图 4.15　距离大坝约 1.0 km 的民居地基的横河向振动速度均方根
与最大面脉动压力的关系

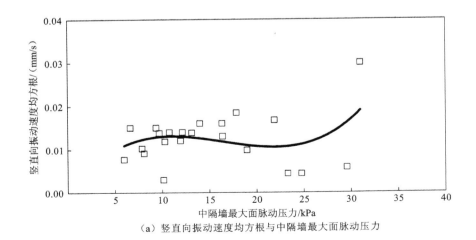

（a）竖直向振动速度均方根与中隔墙最大面脉动压力

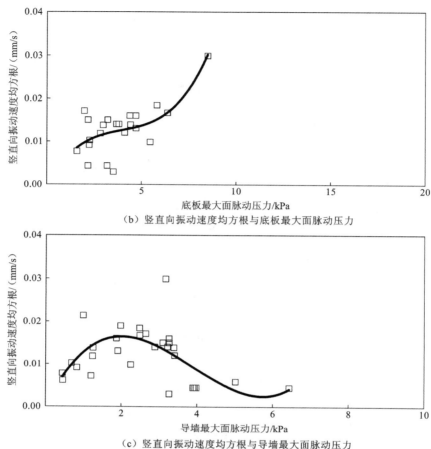

（b）竖直向振动速度均方根与底板最大面脉动压力

（c）竖直向振动速度均方根与导墙最大面脉动压力

图 4.16　距离大坝约 1.0 km 的民居地基的竖直向振动速度均方根
与最大面脉动压力的关系

4.1.3　场地振动预测方法

4.1.2 小节研究表明，不同运行方式下作用于坝面中隔墙、消力池底板和导墙的脉动压力差异明显，对场地振动的贡献尚不明确，在一定程度上影响场地振动响应预测及减振措施研究。本小节采用三维有限元数值模拟，就脉动压力对场地振动的贡献度进行探索性分析研究；通过大比尺模型泄洪优化试验，提出减振、抑振措施。

1. 脉动压力对振动的贡献度分析

1）有限元模型

建立泄洪坝段三维有限元模型。坐标系：x 向为横河向，向右岸为正；y 向为顺河向，向下游为正；z 向为竖直向，向上为正。模拟范围包括整个左消力池对应的泄洪坝段及一定范围的地基，如图 4.17 所示。地基范围为，顺河向自坝轴线前桩号 0−90.00 m 至坝下桩号 0+450.00 m，横河向自左右导墙外延 50 m，竖直向自建基面向下延伸 100 m。泄洪坝段如图 4.17 所示，对坝身、泄槽、中隔墙、底板、导墙、尾坎及部分廊道等结构均进行了模拟。采用八节点六面体等参单元进行离散，模型节点数为 56 792，单元数为 56 690。

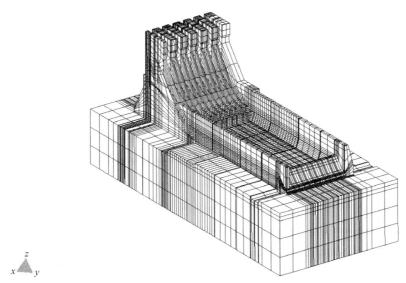

图 4.17　泄洪坝段三维有限元网格

2）计算参数

混凝土和岩基均按线弹性材料考虑，力学参数取值见表 4.2。计算时基础底部为固定约束，四周为法向约束。

表 4.2　材料力学参数

材料	密度/（kg/m³）	弹性模量/Pa	泊松比	阻尼比
混凝土	2 400	2.55×10^{10}	0.167	0.05
岩基	2 000	7.30×10^{9}	0.280	0.05

利用大比尺整体水工模型试验 130 个测点得到的脉动压力数据进行动力时程计算，计算工况见表 4.3。选择 370 m 库水位、总泄量 9 000 m³/s、单池泄量 6 000 m³/s 5 个中孔局部开启工况，分别计算整体与底板、导墙、中隔墙单独作用脉动压力下结构的振动响应，以研究各部位脉动压力对振动的贡献。按振动问题分析，计算中假定：①各测点水流脉动压力为平稳各态历经的激励力。②根据测点布置情况，以某一测点为中心的小块区域内脉动压力具有相同的统计特性。采用广义 Newmark-β 法的逐步积分方案求解动力学方程，动力计算选择计算步数为 1 000 步，步长取 0.005 s。

表 4.3　计算工况

工况	库水位/m	总泄量/(m³/s)	单池泄量/(m³/s)	调度方式	施加脉动压力
1					底板、导墙、中隔墙
1-1					底板
1-2	370	9 000	6 000	5 个中孔局部开启	导墙
1-3					中隔墙
2				6 个表孔全开	底板、导墙、中隔墙

3）结构振动分布特征

以工况 1 为例研究结构的振动分布特征。图 4.18 给出了某一时刻坝体竖直向、消力池导墙横河向和消力池底板竖直向的振动位移分布。由图 4.18 可知：坝体的较大振动位移主要分布在跌坎中隔墙附近，最大振动位移出现在中隔墙顶部；消力池导墙横河向振动位移较大，主要分布在前半池，最大振动位移出现在导墙顶部；消力池底板竖直向振动位移较大，也主要分布在前半池，与脉动压力的分布特征相对应。

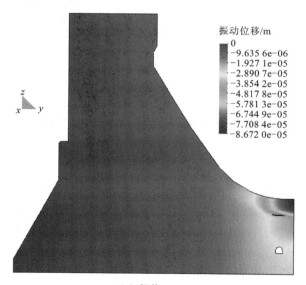

（a）坝体

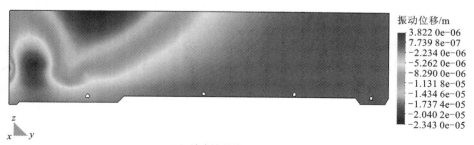

（b）消力池导墙

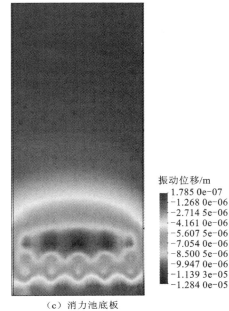

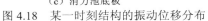
（c）消力池底板

图 4.18　某一时刻结构的振动位移分布

从 5 个工况、3 个测点横河向和竖直向的振动位移、速度、加速度时域数字特征上看，帷幕灌浆廊道、池底排水廊道位于结构底部基础内，竖直向振动响应较大，而边导墙顶部存在放大效应，振动响应总体较大，横河向振动响应明显占优，与水流脉动荷载作用相关。

4）对结构振动贡献度的分析

通过比较总荷载与各部位荷载作用下结构的振动响应，分析坝面中隔墙、消力池底板和导墙上脉动压力对结构振动的贡献大小。总脉动荷载作用下，帷幕灌浆廊道和排水廊道的振动位移以竖直向为主，帷幕灌浆廊道较大，池底排水廊道略小。脉动荷载单独作用于坝面中隔墙时，各点振动位移对横河向振动有一定的贡献，不过依然是竖直向振动占优，帷幕灌浆廊道振动较大，排水廊道较小；脉动荷载单独作用于消力池底板时，各点振动位移主要引起结构的竖直向振动，对横河向振动的贡献较小，池底排水廊道振动较大，灌浆廊道较小；脉动荷载单独作用于消力池导墙时，各点振动位移横河向大于竖直向，说明导墙上的脉动压力对横河向振动影响较大，对竖直向振动的贡献较小，排水廊道的振动大于帷幕灌浆廊道。

脉动荷载单独作用于各部分对帷幕灌浆廊道和池底排水廊道横河向与竖直向振动位移的贡献如图 4.19 和图 4.20 所示。

2. 场地振动响应预测

以坝面中隔墙、消力池底板和导墙 1.5～3.5 Hz 频带内的最大面脉动压力为基本参数，利用脉动压力对振动的贡献度分别给各部位赋予权重，建立综合考虑不同部位振源

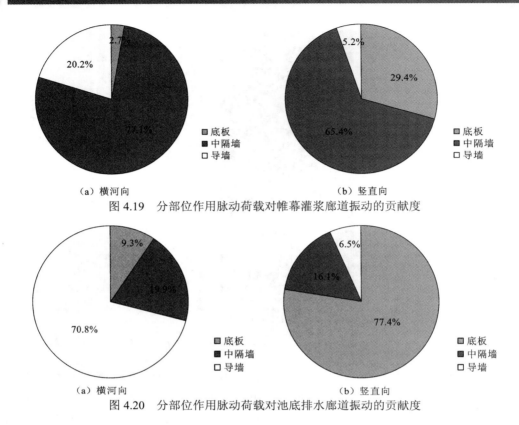

（a）横河向　　　　　　　　　　　（b）竖直向
图 4.19　分部位作用脉动荷载对帷幕灌浆廊道振动的贡献度

（a）横河向　　　　　　　　　　　（b）竖直向
图 4.20　分部位作用脉动荷载对池底排水廊道振动的贡献度

激励的场地振动响应预测公式。以距离大坝约 1.0 km 的民居地基的振动速度为例，水平向和竖直向最大振动速度预测公式见式（4.2）和式（4.3），与加权面脉动压力的拟合关系曲线见图 4.21、图 4.22。

$$v_h = 2.29 \times 10^{-5} \sigma_h^3 - 5.11 \times 10^{-4} \sigma_h^2 + 5.23 \times 10^{-3} \sigma_h \qquad (4.2)$$

$$v_v = 5.33 \times 10^{-4} \sigma_v^3 - 4.45 \times 10^{-3} \sigma_v^2 + 1.33 \times 10^{-2} \sigma_v \qquad (4.3)$$

式中：v_h、v_v 分别为水平向、竖直向最大振动速度，mm/s；σ_h、σ_v 分别为水平向、竖直向加权面脉动压力，kPa。

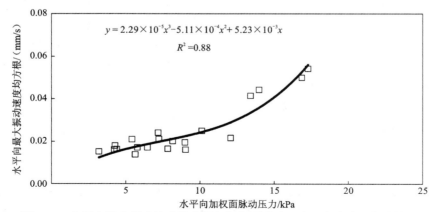

图 4.21　水平向最大振动速度均方根与加权面脉动压力（育才路 5 幢地基）

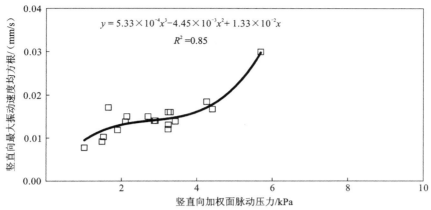

$$y = 5.33 \times 10^{-4} x^3 - 4.45 \times 10^{-3} x^2 + 1.33 \times 10^{-2} x$$

$$R^2 = 0.85$$

图 4.22　竖直向最大振动速度均方根与加权面脉动压力（育才路 5 幢地基）

4.1.4　场地振动调控原则及精细调控技术

场地振动的减振、抑振措施应从振源（消力池）和响应（建筑物）两方面入手。从响应入手，属于被动型减振、抑振措施，即对振动响应较大的建筑物采取针对性加固措施，如阻尼器、橡胶减震垫等。但阻尼器、橡胶减震垫对地震类高频大幅振动有效，对于目前持续的低频微幅振动的抑振作用不显著。

从振源入手，属于主动型减振、抑振措施，即通过合理的调度运行方式，改善泄洪流态，减小水动力激励荷载，进而有效抑制振动响应。本小节以减小 1.5～3.5 Hz 频带的面脉动压力为目标，对 370 m 和 380 m 库水位、各级流量（7 000～20 000 m³/s）下的不同泄洪方式开展了大量试验，分析得出以下规律。

（1）单池泄量越大，面脉动压力越大。宜双池运行，降低单池泄量。不同流量中孔单独开启（5 个中孔局部开启）时，面脉动压力与单池泄量的关系见图 4.23，沿程分布见图 4.24，表孔单独开启（2 个边表孔全开，中间 4 个表孔局部开启）时，面脉动压力的沿程分布如图 4.25 所示。随着单池泄量的增大，面脉动压力增大，但增速呈现阶段性。15 000 m³/s 以下中小单池泄量，其增速较快，20 000 m³/s 以上较大单池泄量，其增速明显放缓。消力池底板、导墙的面脉动压力沿程衰减，较大面脉动压力集中在桩号 0+140.00～0+180.00 m 的主消能区。坝面中隔墙的较大面脉动压力分布在桩号 0+110.00～0+120.00 m 的水跃区。从抑制振动角度看，应尽量双池运行，以降低单池泄量。

（2）相同上下游水位、相同泄量，泄槽单宽泄量越大，面脉动压力越大。宜尽量多孔泄洪，降低单宽泄量。以中孔局部开启为例，上下游水位、泄量不变，改变中孔开启数量，即改变单宽泄量，面脉动压力分布如图 4.26 所示。相同上下游水位、相同泄量下，泄槽单宽泄量越大，面脉动压力越大。因此，应尽量增加泄洪孔数，减小泄槽单宽泄量，以减小面脉动压力。

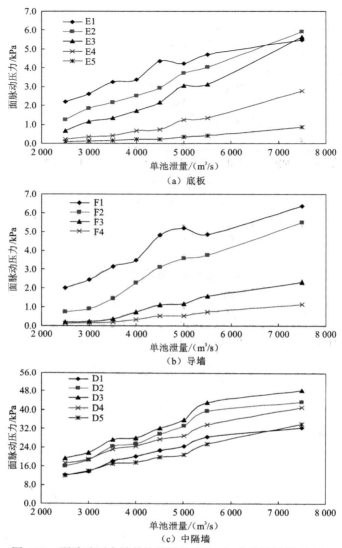

图 4.23　面脉动压力随单池泄量的变化（5 个中孔局部开启）

E1～E5 为消力池中心桩号 0+140 m、0+156 m、0+171 m、0+187 m、0+204 m 测点；F1～F4 为导墙相对高度 0.125 处桩号 0+144 m、0+167 m、0+189 m、0+210 m 测点；D1～D5 为中隔墙相对高度 0.125 处桩号 0+109 m、0+114 m、0+119 m、0+124 m、0+129 m 测点

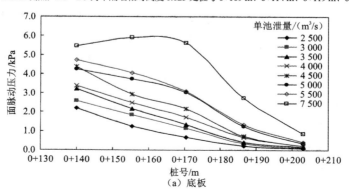

（a）底板

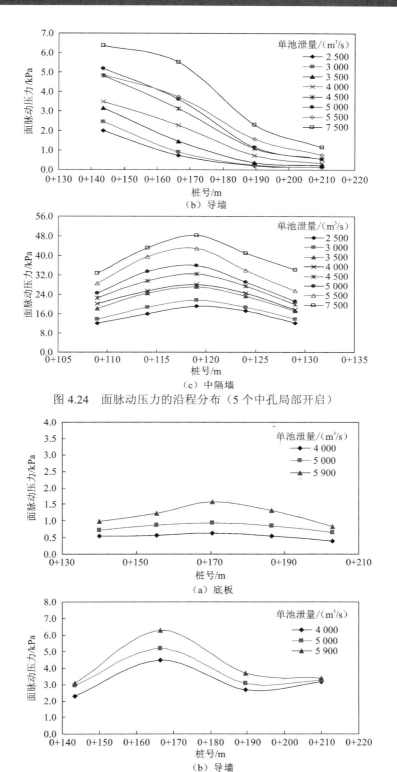

图 4.24　面脉动压力的沿程分布（5 个中孔局部开启）

图 4.25　面脉动压力的沿程分布（2 个边表孔全开，中间 4 个表孔局部开启）

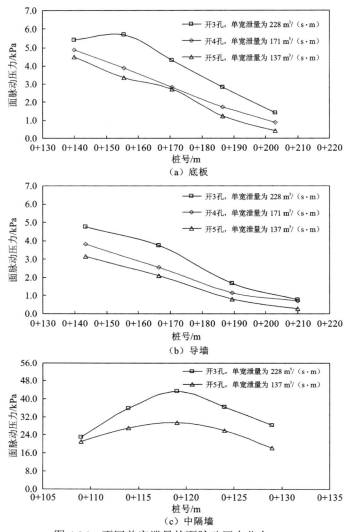

图 4.26 不同单宽泄量的面脉动压力分布

（3）相同上下游水位、相同泄量，相较于表孔，中孔泄洪坝面中隔墙、消力池底板的面脉动压力显著增大，尤其是坝面中隔墙。宜优先表孔泄洪。上下游水位、泄量相同，表孔单独开启工况与中孔单独开启工况底板、导墙、中隔墙的面脉动压力对比如图 4.27 所示。由图 4.27 可知，中孔开启对底板与中隔墙的面脉动压力的影响较大，对导墙的影响较小。中孔射流剪切与水跃漩滚较表孔更接近底部，故底板面脉动压力远大于表孔单独开启工况，主消能区面脉动压力相差 3～5 倍；此外，中孔跌坎较低，相同水力条件下，淹没度比表孔大，水跃起始位置更靠近上游，且部分发生在泄槽内，导致中隔墙面脉动压力远大于表孔单独开启工况，峰值最大相差 4～5 倍。而表孔单独开启时，边表孔射流更贴近导墙，其面脉动压力峰值为中孔单独开启时的 1.5～2 倍。上下游水位、泄量相同，表孔单独开启与表中孔联合开启工况面脉动压力对比见图 4.28。从图 4.28 中也可以看出，中孔泄洪底板和中隔墙的面脉动压力显著增大。

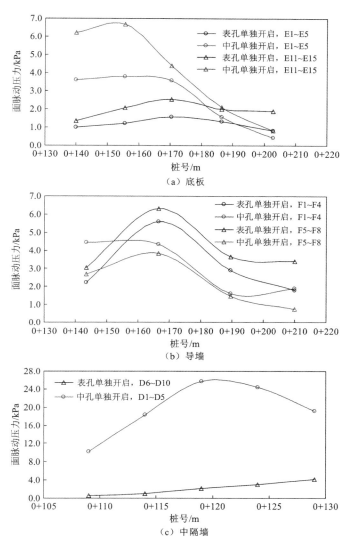

（a）底板

（b）导墙

（c）中隔墙

图 4.27　表孔、中孔单独开启面脉动压力对比（单池泄量为 6 000 m³/s，上游水位为 370 m）

E11～E15 为相对于消力池的距离为 0.19 处桩号 0+140 m、0+156 m、0+171 m、0+187 m、0+204 m 测点；F5～F8 为导墙相对高度 0.531 处桩号 0+144 m、0+167 m、0+189 m、0+210 m 测点；D6～D10 为中隔墙相对高度 0.531 处桩号 0+109 m、0+114 m、0+119 m、0+124 m、0+129 m 测点

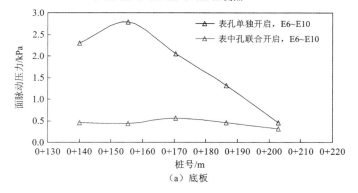

（a）底板

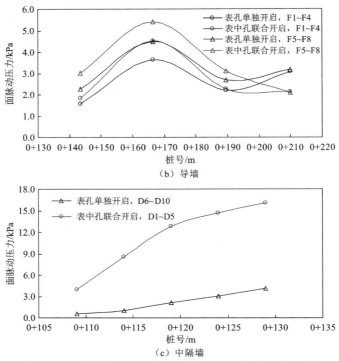

（c）中隔墙

图 4.28　表孔单独开启与表中孔联合开启面脉动压力对比

E6～E10 为相对于消力池的距离为 0.09 处桩号 0+140 m、0+156 m、0+171 m、0+187 m、0+204 m 测点

（4）相同泄量、相同下游水位，库水位对泄水脉动的影响较小，380 m 库水位面脉动压力稍小。以 5 个中孔局部开启为例，370 m 和 380 m 库水位面脉动压力与单池泄量的关系如图 4.29 所示。总体而言，库水位由 370 m 增加至 380 m，泄水脉动稍减小，底板的面脉动压力的变化在 10% 以内，坝面中隔墙的变化略大，在 20% 以内。

（5）相同库水位、相同泄量，下游水位对中隔墙面脉动压力的影响大于消力池底板、导墙。370 m 库水位、6 个表孔单独全开，不同下游水位的面脉动压力沿程分布见图 4.30，5 个中孔单独局部开启，不同下游水位的面脉动压力沿程分布见图 4.31。总体来看，随着下游水位的升高，水跃及回流逐渐向上游推移，跃首甚至进入泄槽内，中隔墙、池首的面脉动压力增大。因此，下游水位对中隔墙面脉动压力的影响大于消力池。

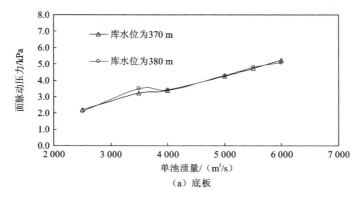

（a）底板

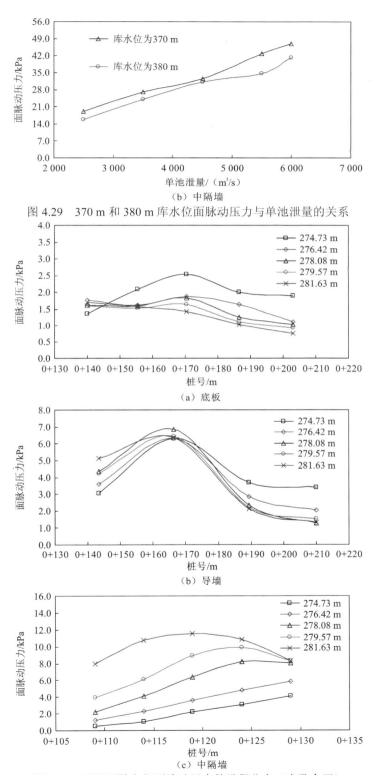

（b）中隔墙

图 4.29　370 m 和 380 m 库水位面脉动压力与单池泄量的关系

（a）底板

（b）导墙

（c）中隔墙

图 4.30　不同下游水位面脉动压力的沿程分布（表孔全开）

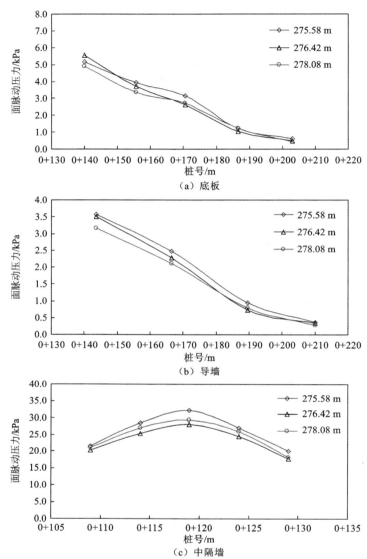

图 4.31　不同下游水位面脉动压力的沿程分布（中孔局部开启）

通过近 200 组次的调度方式优化试验，以改善流态、降低泄水脉动、减小下游场地振动为目标，总结出运行调度方式：380 m（库水位）、双池、表孔、多孔。

4.2　泄洪诱发低频声波

对金安桥水电站泄洪诱发的低频声波特性的原型观测资料进行分析，研究空气中声波和水下声波的分布规律，揭示不同调控方式对低频声波的影响。

4.2.1　水下低频声波特性

在金安桥水电站坝区范围内，水下低频声波测量分别在大坝上下游进行，共计 20 个测点：上游靠近码头处选择 4 个测点进行测量；受地形条件及测试仪器的限制，下游在尾水平台及其下游位置选取 5 个测点，右岸施工导流隧洞出口选取 1 个测点，平安桥选取 3 个测点，金安桥选取 3 个测点，五郎河桥选取 1 个测点，金安桥水文站处选取 1 个测点，金龙桥选取 2 个测点。

通过调整 1#、2#、4#、5#孔的开度及流量，对表 4.4 所示工况下典型测点的水下低频声波的分布规律进行研究。

表 4.4　水下低频声波测量分析工况

工况	开孔方式	开度/m	上游水位/m	下游水位/m	消力池流量/（m³/s）
1	1#、2#、4#、5#	3.3/3.3/3.3/3.3	1 415.01	1 302.08	2 120
2	1#、5#	5/5	1 415.16	1 301.35	1 480
3		3/3	1 414.30	1 300.90	920
4	闸门全关	0	1 411.81	1 303.20	0
5	1#、5#	5.5/5.5	1 414.90	1 300.93	1 620
6		4/4	1 414.94	1 302.07	1 220

1. 水下低频声波幅值和频谱特性

以金安桥水文站处测点为例，考虑工况 1～4 水下低频声波的变化。

工况 1 下，1#、2#、4#、5#孔的开度均为 3.3 m，流量为 2 120 m³/s；工况 2 下，1#、5#孔的开度均为 5 m，流量为 1 480 m³/s；工况 3 下，1#、5#孔的开度均为 3 m，流量为 920 m³/s；工况 4 下，不泄洪。金安桥水文站处测点水下低频声波的幅值和频谱特性如图 4.32 所示。

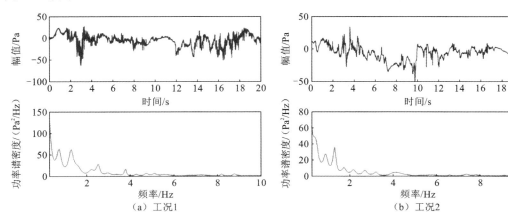

（a）工况1　　　　　　　　　　　　　（b）工况2

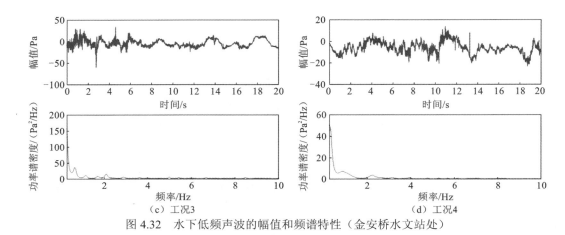

（c）工况3　　　　　　　　　　　　（d）工况4

图 4.32　水下低频声波的幅值和频谱特性（金安桥水文站处）

金安桥水文站处测点在岸边位置，水流较为平缓，传感器固定。通过原型观测数据发现，不泄洪时不存在低频声波，泄洪时产生低频声波，优势主频均在 0.6～1.3 Hz。通过不同流量下低频声波时频图的对比发现，流量变化对水下低频声波主频基本没有影响。流量对低频声波的影响主要体现在声波强度的变化上，随着流量的降低，声波强度逐渐降低。

2. 低频声波传播规律

低频声波原型观测测量包含了空气中声波和水下声波两个部分。基于新的信号采集仪器，可进行双通道同步观测。

对于上游最远点 U4，工况 1（1#、2#、4#、5#孔同时开启，开度均为 3.3 m，流量为 2 120 m³/s）下，对水下与空气中的低频声波同时进行测量，水下和空气中的低频声波的时程线和频谱对比如图 4.33 所示。通过上游测点低频声波的测量发现，水下低频声波向上游传播不明显；而上游的一定范围内仍能测到空气中的低频声波，优势主频为 0.8 Hz，与以前测得的资料相符。

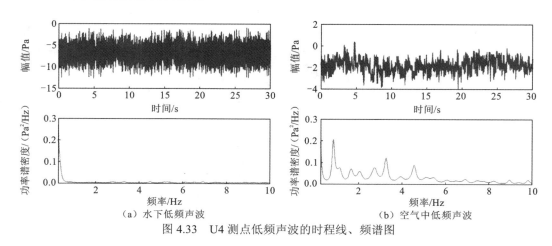

（a）水下低频声波　　　　　　　　　（b）空气中低频声波

图 4.33　U4 测点低频声波的时程线、频谱图

下游方向，选择工况 5（1#、5#孔开度均为 5.5 m，流量为 1 620 m³/s）进行分析，对水下与空气中的低频声波同时进行测量。取沿水流方向的三座桥（依次为平安桥、金安桥、金龙桥）的中心位置为测量点，进行水下及空气中低频声波的比较。水下和空气中的低频声波的时程线和频谱对比如图 4.34 所示。

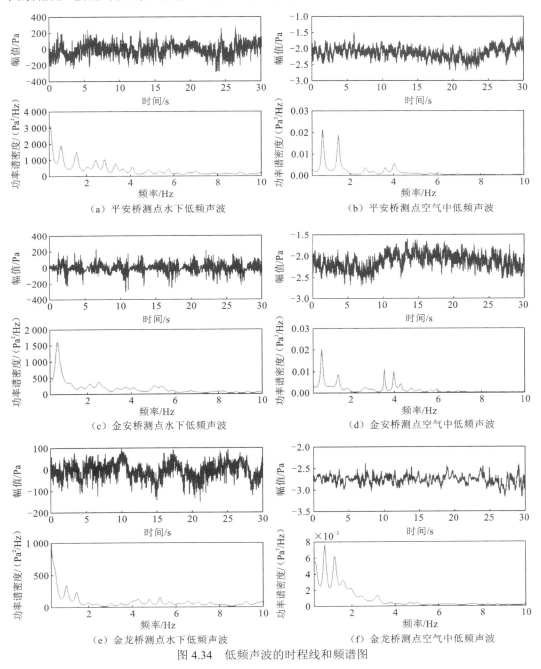

图 4.34　低频声波的时程线和频谱图

　　下游最远点选在金龙桥，距大坝 3 km 左右，仍能明显测得空气中和水中的低频声波，证明低频声波能传播较远的距离。在传播过程中，低频声波有所衰减，但主频不变，基本优势频率为 0.8 Hz 和 1.3 Hz。

　　由于声特性阻抗的不同，在同一声源，声功率相同的情况下，水下在很小的声功率下仍有较大的声压。因此，水下低频声波的强度明显大于空气中低频声波的强度。对比水下与空气中次声沿传播方向的声压级可以发现，水下次声的衰减更为缓慢，如图 4.35 所示。

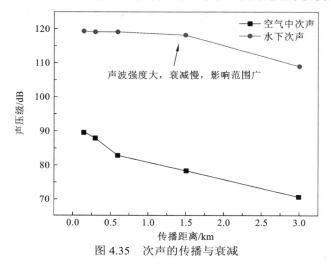

图 4.35　次声的传播与衰减

4.2.2　空气中低频声波特性

　　空气中次声的测量在金安桥水电站坝区范围内进行，包括水电站左右岸上坝公路、进厂公路、靠近消力池的 R6 路、下游左岸岸坡、右岸上游导流洞进水口及码头、坝顶等多个位置。测试过程中，尽量避免车辆经过，传感器方向尽量朝向消力池。

　　在 1#、3#、5#溢流表孔的开度均为 8 m 的工况与 5 个溢流表孔全关、仅水电站机组泄洪的工况下，DL4、DR1、M2 等测点的低频声波时程图及功率谱密度图对比如图 4.36 所示。由图 4.36 可知，溢流表孔不泄洪时的低频声波幅值远小于泄洪工况下的低频声波幅值，且不泄洪工况下的低频声波无明显主频，而泄洪工况下低频声波的能量集中在 10 Hz 以下，且优势频率基本分布在 0.45～1.4 Hz 内。显然，金安桥水电站溢流表孔泄洪过程中产生了低频声波。

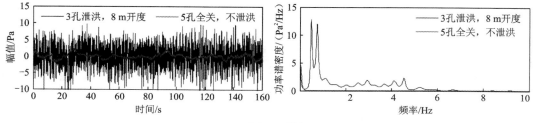

（a）DL4测点

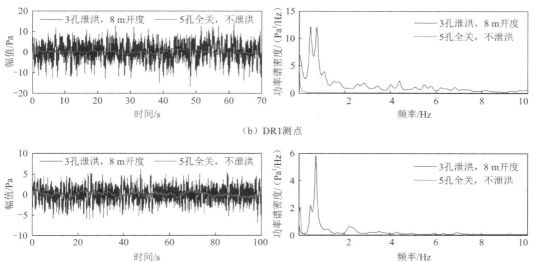

（b）DR1测点

（c）M2测点

图 4.36　低频声波时程图及功率谱密度图对比

4.2.3　调控方式对声压特性的影响

1. 孔口开度声压分布

相同开孔方式、不同流量级（1#、3#、5#溢流表孔多种开度）下，空气中低频声波声压的均方根与流量、声压主频与流量的关系分别如图 4.37、图 4.38 所示。

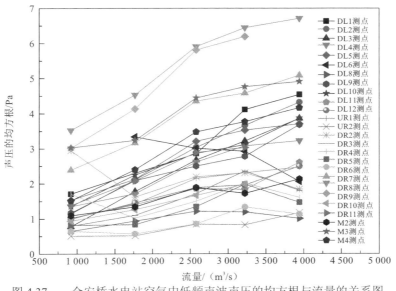

图 4.37　金安桥水电站空气中低频声波声压的均方根与流量的关系图

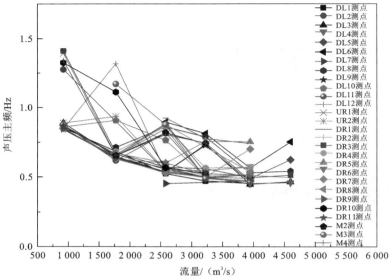

图 4.38　金安桥水电站空气中低频声波声压主频与流量的关系图

分析金安桥水电站空气中低频声波声压的均方根与流量的关系可知，在同样开启 1#、3#、5#溢流表孔的情况下，随着闸门开度即泄洪流量的增加，低频声波的声压强度总体呈现增大的趋势。坝区范围内的低频声波极有可能与大坝泄洪有关。从各个测点的声压强度来看，声压最大的测点为 DR8，然后依次为 DR9、DR7、M3 测点，这些测点均离消力池较近，而 DR8 测点位于右岸岸坡，正对消力池消能漩滚最剧烈的位置，因此低频声波的声源可能位于消力池内。

分析金安桥水电站声压主频与流量关系可知，各测点的声压主频基本分布于 0.4～0.9 Hz，仅在闸门开度为 2 m 和 4 m 时，部分测点的声压主频分布于 1.0～1.5 Hz，但实际频谱图中，仍有 0.4～0.9 Hz 的频率成分，且能量与主频能量相当，分析其原因，可能是在低流量工况下，泄洪诱发的低频声波能量较小，受环境因素的干扰较大，部分测点在测试过程中受风、偶然噪声、人为因素等干扰，数据采集受到影响。从声压主频与流量的关系来看，随着泄洪流量的增大，各测点的声压主频总体呈减小趋势。声压主频随流量的变化规律，可能与不同闸门开度下消力池内水流流态的变化、池内消能漩滚的变化有关，也可能与低频声波传播过程中坝区范围内的雾化、风向等环境因素有关。

2. 不同开孔数量声压分布

开孔数量与空气中低频声波声压强度的均方根、声压主频的关系分别见图 4.39、图 4.40。

从开孔数量与声压强度的均方根的关系可以看出：开孔数量对声压强度的均方根存在一定的影响。5 个溢流表孔同时采用 7 m 开度泄洪时，声压强度较小，而此时坝身泄洪量为以上几种工况中最大的。随着开孔数量的减少，流量也相应有一定的减小，而声压强度总体呈增大趋势，主要原因是，在流量相近时，开孔数量较多，水流更加平顺，紊动相对减弱，流态更稳定，泄洪诱发的低频声波的声压强度较小。

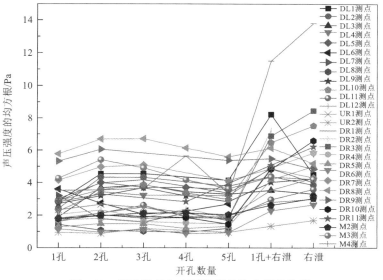

图 4.39　开孔数量与声压强度的均方根的关系

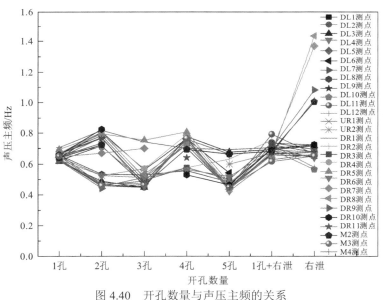

图 4.40　开孔数量与声压主频的关系

从开孔数量与声压主频的关系可以看出：声压主频在各工况下均集中在 0.4～1.5 Hz 内，其中大部分测点的声压主频都在 0.4～0.9 Hz 内。不同开孔数量对声压主频的影响并不明显。实际的功率频谱图中，各测点在各工况下均在 0.4～0.9 Hz 频段内存在 2～3 个能量相当的频率。

3. 不同开孔方式声压分布

开孔方式与声压强度均方根的关系如图 4.41、图 4.42 所示。在相同的泄洪流量及相同的开孔数量下，不同的开孔方式对声压强度有一定的影响。2 孔全开情况下，开启 2#、

4#溢流表孔的开孔方式所测得的声压强度相比于开启 3#、4#溢流表孔的开孔方式更小；3 孔开度均为 12 m 的工况下，开启 1#、3#、5#溢流表孔的开孔方式所测得的声压强度相比于开启 3#、4#、5#溢流表孔的开孔方式更小。

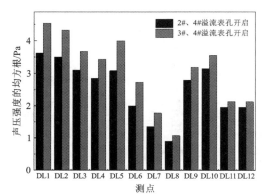

图 4.41　开孔方式与声压强度的均方根（2 孔全开）

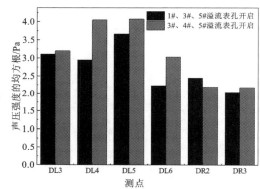

图 4.42　开孔方式与声压强度的均方根（3 孔开度均为 12 m）

　　综上，溢流表孔不泄水时的低频声波幅值远小于泄水工况下的低频声波幅值，且不泄水工况下的低频声波无明显主频，而泄水工况下低频声波的能量集中在 10 Hz 以下，且优势频率基本分布在 0.45～1.4 Hz 内。显然，金安桥水电站溢流表孔泄洪过程中产生了低频声波。

　　水下低频声波的基本主频为 0.7～1.4 Hz，向下游能传播至较远的距离，传播过程中频率基本不发生变化，只在声波强度上略有衰减。大坝泄洪时的泄洪流量、开孔数量及开孔方式对低频声波主频基本没有影响，但流量增大，低频声波强度增加，相同流量下，开孔方式对低频声波强度有影响。

　　空气中低频声波的强度与大坝泄洪时的泄洪流量、开孔数量及开孔方式有一定的关系。当开孔方式相同时，如均在 1#、3#、5#溢流表孔泄洪的情况下，随着泄洪流量的增大，空气中低频声波的强度增大；当泄洪流量相近时，开孔数量增多，将使得泄洪水流更加均匀平顺，有利于减小低频声波的强度；当开孔数量和泄洪流量已经确定时，对称的开孔方式显然更有利于减小低频声波的强度。因此，建议在泄洪流量一定时，开启更多的泄洪孔，并尽可能采用对称泄洪的方式泄洪。

4.3　泄洪诱发雾化

根据雾化降雨的危害性，可将降雨强度分为 6 个等级：I 级水舌激溅及裂散区，降雨强度 $q \geqslant 600$ mm/h，破坏力强，雨区内空气稀薄，能见度低，人类在此区域将会窒息；II 级强雾化降雨区，600 mm/h$>q \geqslant 200$ mm/h，破坏力稍低，岸坡需采用混凝土防护，设马道和排水沟；III 级特大暴雨区，200 mm/h$>q \geqslant 40$ mm/h，岸坡需采用混凝土防护，设马道和排水沟；IV 级浓雾暴雨区（大暴雨～暴雨），40 mm/h$>q \geqslant 10$ mm/h；V 级薄雾降雨区（大雨～中雨），10 mm/h$>q \geqslant 2$ mm/h；VI 级淡雾水汽飘散区（小雨以下），2 mm/h$>q$，该区域降雨量极低，但会对开关站、高压线路、交通、工作与生活环境产生一些影响。

高坝工程泄洪时，下游局部区域泄洪雾化的降雨强度一般高达数百甚至数千毫米每小时，远超自然降雨中特大暴雨的降雨强度值，由于泄洪雾化问题的复杂性，目前的预测成果尚不能完全满足防护设计的需要，对工程安全运行带来较大影响。提高泄洪雾化预测成果的准确性已经成为目前泄洪雾化研究中最重要的研究方向。

在以往泄洪雾化研究的基础上，以应用最为广泛的挑流泄洪建筑物为例，建立具有较大泄水规模的实体模型，对挑流水舌入水碰撞、水体反弹及产生激溅的物理现象开展研究，通过滴谱法和称重法研究泄洪雾化雾源量，借助高速摄影成像技术和自主开发的泄洪雾化粒度分析处理软件研究水舌入水碰撞、水体反弹和激溅的运动过程及雾源分布规律。校验和修正以往预测方法中对于雾源分布的各种假设，完善泄洪雾化降雨强度预测模型及泄洪雾化中水体碰撞、反弹和激溅的运动机理，提高泄洪雾化的整体研究水平。

4.3.1　泄洪雾化模型测试技术

一般使用量筒或量杯通过称重法测量较大的降雨强度，采用滴谱法测量较小的降雨强度。滴谱法采用专用染色滤纸收集雨滴样本，依据雨滴斑痕的直径与空中雨滴直径之间的率定曲线，查询雨滴真实直径，进而计算降雨强度。该方法简单直观，容易操作，缺点是所得数据基本为图形资料，数据量和分析难度大。为了减小数据处理误差，提高数据分析精度，作者团队开发了雾化粒度测量系统。

该测量系统的处理过程为：首先通过滤纸接收雨滴，形成数据图像，其次通过扫描仪将纸质图像信息电子化，再次利用计算机对电子图片进行图像预处理（减小图像质量引起的误差）、二值化处理（对数字化图像进行目标物与背景的分离，把雨滴颗粒独立出来），最后利用系统软件对图像进行分析，自动检测出图像中雨滴颗粒的个数、面积、粒径等重要指标，从而计算降雨强度。具体应用示例见图 4.43。

通过数据拟合，本节所用的雨滴直径 d（mm）与试验滤纸上斑痕直径 D（mm）的关系式为 $d=0.216D^{0.859\,1}$，率定试验数据点和拟合所得关系曲线见图 4.44。

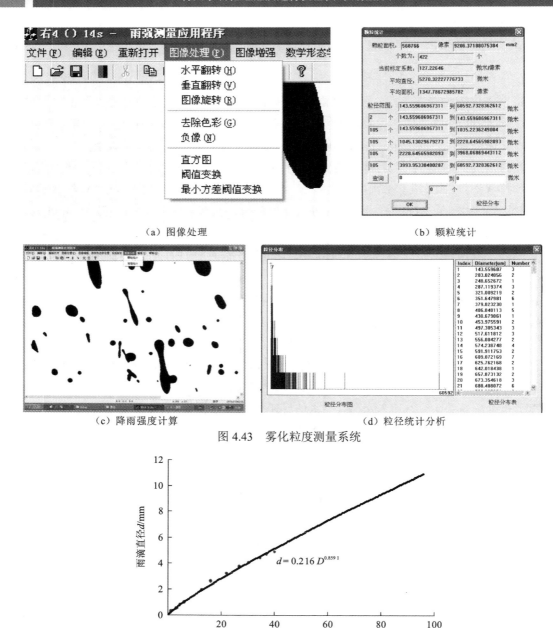

（a）图像处理 　　　　　　　　　　　　　（b）颗粒统计

（c）降雨强度计算 　　　　　　　　　　（d）粒径统计分析

图 4.43　雾化粒度测量系统

$$d = 0.216\,D^{0.859\,1}$$

图 4.44　滴谱纸的率定曲线图

4.3.2　泄洪雾化形成机理及雾源降雨强度分布规律

图 4.45 为高坝泄洪雾化形成过程。挑流水舌在空中运动过程中紊动掺气形成不连续水体，落入下游水体时激溅反弹形成破碎水滴，从而形成雾源，雾源再向周围扩散形成降雨和雾流。雾源的形成是泄洪雾化的一个关键过程，由于其研究难度大，现阶段仍极

少见针对雾源的研究成果。本小节从泄洪雾化的形成过程、雾源的降雨强度分布等方面对试验研究成果进行阐述。

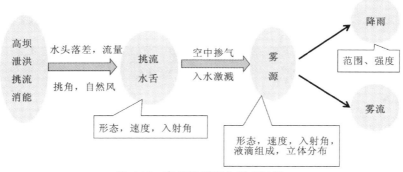

图 4.45　高坝泄洪雾化形成过程

1. 泄洪雾化形成过程

泄洪雾化有两个雾源，一个是水舌在空中运动过程中紊动掺气产生的抛洒雾源，另一个是水舌与下游水体碰撞反弹产生的激溅雾源，其中激溅雾源又为主要组成部分。采用高速摄影成像技术从落水区侧面和后上方拍摄了水舌落入下游水体的具体过程，下面以泄洪流量 $Q=64.52$ L/s，水头差 $H=2.05$ m 的典型工况为例，分析挑流水舌落入下游水体形成泄洪雾化的运动过程。在该水力条件下，试验观测到挑流水舌外缘挑距约为 3.8 m，内缘挑距约为 3.1 m，水舌落水横向范围约为 0.7 m。对连续拍摄的高速摄影图片进行分析知，挑流水舌落入下游水池，脉动水舌下潜过程中，水体表面周期性地壅水、破裂、消落，相应地，该区域泄洪雾化的空间分布也呈现周期性的变化特征。图 4.46、图 4.47 是分别从落水区侧面和后上方拍摄的典型周期不同时刻落水区附近的流态图，分析知，本试验工况条件下，落水区从壅水到消落，产生雾源的脉动周期为 0.25~0.35 s。从图 4.48 中可以看出：在前半周期中，水舌落水点处的主体水面前沿朝斜前方向上隆起，后沿上升幅度较缓；到达最高点形成壅水之后，壅水的主体水面前沿基本在原位置下降，水面后沿朝斜前方向下消落。整个过程中，在落水区形成的雾源的空间分布特性随壅水进程而变化。总体来说：在壅水的形成过程中，水面散裂水体形成的雾源更为明显，雾源雨滴向上激溅，纵向范围较大，平面范围较小；在壅水消落过程中，雾源雨滴向下滴落，平面分布范围更大。

2. 落水区整体特性

表 4.5 统计了各试验条件下挑流水舌落水区范围的特征参数。各工况、不同泄洪流量条件下，水舌的空中形态和落水区附近流态的照片见图 4.49。从表 4.5、图 4.49 中可以看出，随着泄洪流量和水头差的增大，挑流水舌所挟带的能量增大，其水舌紊乱程度及与下游水体的撞击激烈程度也增大，因此雾源的降雨强度更大。在试验条件范围内，泄洪流量和水头差越大，挑流水舌的内外缘挑距越大。落水区长度和宽度随泄洪流量的增加有所增加，落水区长度随水头差的增加稍有增长，但是落水区宽度随水头差变化的幅度不明显。

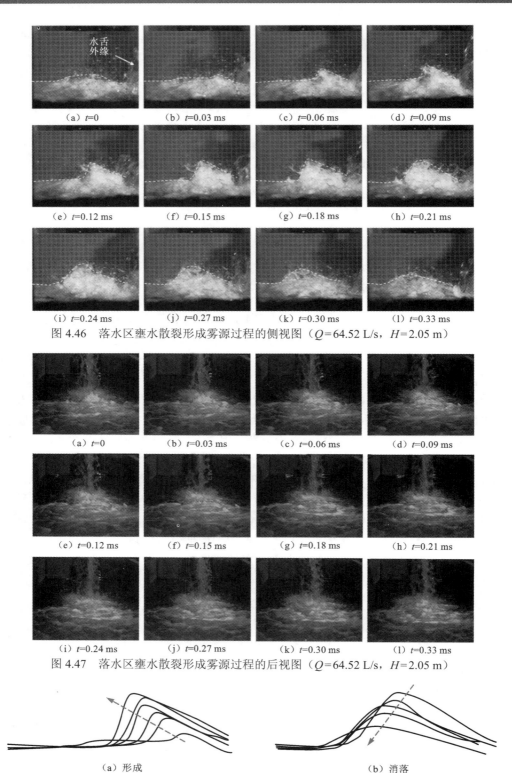

（a）t=0　　　（b）t=0.03 ms　　（c）t=0.06 ms　　（d）t=0.09 ms

（e）t=0.12 ms　　（f）t=0.15 ms　　（g）t=0.18 ms　　（h）t=0.21 ms

（i）t=0.24 ms　　（j）t=0.27 ms　　（k）t=0.30 ms　　（l）t=0.33 ms

图 4.46　落水区壅水散裂形成雾源过程的侧视图（Q=64.52 L/s，H=2.05 m）

（a）t=0　　　（b）t=0.03 ms　　（c）t=0.06 ms　　（d）t=0.09 ms

（e）t=0.12 ms　　（f）t=0.15 ms　　（g）t=0.18 ms　　（h）t=0.21 ms

（i）t=0.24 ms　　（j）t=0.27 ms　　（k）t=0.30 ms　　（l）t=0.33 ms

图 4.47　落水区壅水散裂形成雾源过程的后视图（Q=64.52 L/s，H=2.05 m）

（a）形成　　　　　　　　　　　　　　（b）消落

图 4.48　落水区水面壅水形成和消落过程的示意图

表 4.5　不同试验工况下挑流水舌落水区特征参数

试验组次	泄洪流量 Q/（L/s）	水头差 H/m	水舌外缘挑距 L_w/m	水舌内缘挑距 L_n/m	入水宽度 W/m
1	41.13	2.05	3.70	3.05	0.6
2	64.52	2.05	3.80	3.10	0.7
3	92.57	2.05	3.95	3.25	0.8
4	121.44	2.05	4.00	3.30	0.9
5	156.38	2.05	4.15	3.40	1.1
6	180.43	2.05	4.25	3.50	1.3
7	64.52	2.20	3.85	3.20	0.7
8	64.52	1.95	3.65	2.90	0.7
9	64.52	1.70	3.55	2.80	0.7

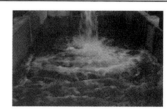

（a）试验组次1

（b）试验组次2

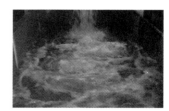

（c）试验组次3

（d）试验组次4

（e）试验组次5

（f）试验组次6

图 4.49　水舌的空中形态和落水区附近的流态

3. 雾源降雨强度分布规律

在泄洪流量 $Q=64.52$ L/s，水头差 $H=2.05$ m 的水力条件下，根据测量结果计算得到落水区周围的降雨强度 q 分布，如图 4.50 所示，图中颜色表征降雨强度的大小等级。

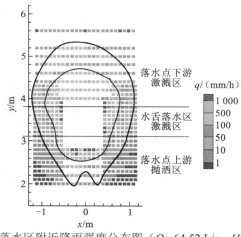

图 4.50　落水区附近降雨强度分布图（$Q=64.52$ L/s，$H=2.05$ m）

从图 4.50 中可以看出，雾源的降雨强度等值线基本呈以落水点为中心的椭圆形分布，降雨强度明显高于以往在两岸边坡测得的降雨强度（以往模型试验测得的最大降雨强度一般为 10～20 mm/h）。本试验中紧靠水舌落水区两侧及上游可能出现 500 mm/h 以上的超大降雨强度，这可能由部分水舌散裂水体直接落入雨量筒所致，存在一定的随机性；500 mm/h 以下降雨强度分布范围的重复性较好。本试验条件下，100～500 mm/h 的降雨强度主要发生在纵向 2.5～4.6 m，上游横向-0.9～0.9 m，下游横向-0.6～0.6 m 的范围内，是雾源的主要激溅区；以此为中心，随着区域逐渐向外围扩大，降雨强度逐级减小。

落水区周围各区域降雨强度的分布规律详述如下。

1）水舌落水点上游

试验观察结果表明，落水区上游主要由空中水舌水体紊动，散裂在水舌两侧范围形成抛洒雾源。从垂直流向的降雨分布可以看出，试验中水舌刚从泄洪建筑物射出时水体周围紊动不大，少见水滴滴落；随着水舌在空中的行进，其与周围空气产生相互作用，水体表面发生掺气裂散，逐渐产生分离液滴，抛洒落入下面水池中，形成抛洒雾源。在水舌落水点的上游，每个测量断面形成 2 个降雨强度的峰值，虽然抛洒的雨滴颗粒粒径大，但其数量较少，在水舌落水区上游 0.5 m 断面处形成的降雨强度极值大小为 300 mm/h 左右。离落水区越远，抛洒降雨强度越小。

依据试验数据曲线拟定落水区上游抛洒雾源的降雨强度空间分布函数，为

$$q_{up}(x,y) = k_1(y)\left[e^{-k_2(y)\left|x-\frac{B}{2}\right|} + e^{-k_2(y)\left|x+\frac{B}{2}\right|}\right] \quad (y < L_n) \tag{4.4}$$

式中：$B = 0.28$ m，为鼻坎宽度；$L_n = 3.1$ m，为水舌内缘挑距。$k_1(y)$ 与最大抛洒量有关，随着 y 的增大，$k_1(y)$ 增大，表明越靠近落水区，抛洒雾源越大。$k_2(y)$ 与抛洒雾源沿 x 方向的变化程度有关，随着 y 的增大，$k_2(y)$ 逐渐减小，表明抛洒范围扩大。根据试验数据推测 $k_1(y)$、$k_2(y)$ 随测量断面位置 y 的变化公式形式并拟合得

$$\begin{cases} k_1(y) = 6\,088.47e^{5.05(y-3.1)} \\ k_2(y) = 8.51e^{-0.95(y-3.1)} \end{cases} \tag{4.5}$$

按照拟合得到的公式，计算得到落水区上游降雨强度的分布，并与试验结果进行比较，如图 4.51 所示。

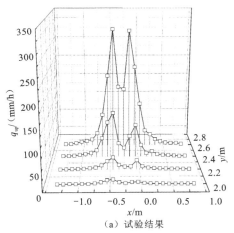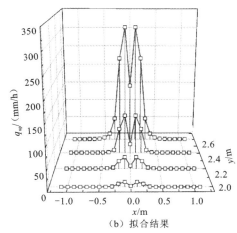

（a）试验结果　　　　　　　　（b）拟合结果

图 4.51　落水区上游降雨强度分布图

2）水舌落水点下游

落水点下游区域的降雨主要是水舌落入水体激溅反弹产生的，雨滴颗粒粒径小，密度高，在水舌下游 1 m 范围内降雨强度极值较大。落水点下游的降雨强度在水舌中心线

两侧呈对称分布。试验测得，在水舌外缘落水点下游 0.5 m 左右断面形成的最大降雨强度为 600 mm/h 左右。随着测点逐渐远离落水区，雾源逐渐减少，降雨强度逐渐降低。根据试验数据，落水区下游的降雨强度空间分布函数可表达为

$$q_{\text{down}}(x,y) = k_1(y)\mathrm{e}^{-k_2(y)|x|} \quad (y > L_n) \tag{4.6}$$

根据试验数据推测 $k_1(y)$、$k_2(y)$ 随测量断面位置 y 的变化公式形式并拟合得

$$\begin{cases} k_1(y) = 2\,242.21\mathrm{e}^{-2.86(y-3.8)} \\ k_2(y) = 4.60\mathrm{e}^{-0.86(y-3.8)} \end{cases} \tag{4.7}$$

按照拟合得到的公式，计算得到落水区下游降雨强度的分布，并与试验结果进行比较，如图 4.52 所示。

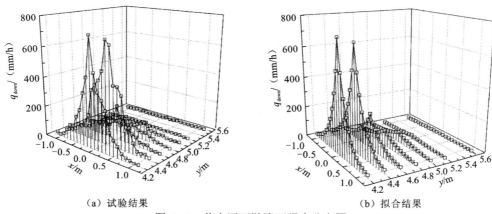

（a）试验结果　　　　　　　　　　　（b）拟合结果

图 4.52　落水区下游降雨强度分布图

3）水舌落水点两侧

落水区两侧区域的雾源同时有水舌裂散产生的抛洒雾源和水舌落入水体激溅反弹产生的激溅雾源。水舌落水区两侧 0.3 m 范围内降雨强度极值较大，水舌落水区两侧的降雨强度基本呈由前向后逐渐增加的趋势，最大降雨强度出现在水舌外缘落水点附近。水舌落水点两侧的最大雾源强度出现在水舌外缘偏后 0.3～0.4 m 的地方。

落水区两侧的降雨强度空间分布函数可表达为

$$q_{\text{side}}(x,y) = k_1(x)\mathrm{e}^{-k_2(x)|y-L_w|} \quad (|x| > W = 3.8\ \mathrm{m}) \tag{4.8}$$

根据试验数据推测 $k_1(x)$、$k_2(x)$ 随测量断面位置 x 的变化公式形式并拟合得

$$\begin{cases} k_1(x) = 1.77 \times 10^{-5}\,\mathrm{e}^{-7.66x} \\ k_2(x) = 0.28\mathrm{e}^{1.22x} \end{cases} \tag{4.9}$$

按照拟合得到的公式，计算得到落水区两侧降雨强度的分布，并与试验结果进行比较，如图 4.53 所示。

雾源降雨强度平面分布的分析结果表明，不同试验条件下，水舌落水区上下游及两侧的降雨强度分布规律基本一致，只是最大降雨强度的数值和分布曲线的变化曲率有所不同。泄洪流量越大，雾源的降雨强度越大，所形成的泄洪雾化影响区域和降雨程度也越大。

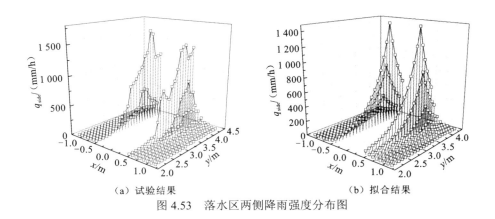

（a）试验结果　　　　　　　　　（b）拟合结果

图 4.53　落水区两侧降雨强度分布图

4.3.3　泄洪雾化复合预测与调控技术

针对泄洪雾化单一预测技术存在的不足，复合原型观测、物理模型及数值模拟预测技术，提出了可以模拟不同消能工条件下泄流雾化产生、雾化降雨的泄洪雾化全场预测技术，突破了传统泄洪雾化单一预测技术的限制，显著提升了泄洪雾化预测技术的水平（图 4.54）。

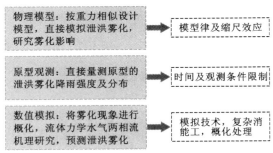

图 4.54　泄洪雾化全场预测技术

1. 大比尺物理模型试验研究应用

对具体工程的泄洪雾化问题进行大比尺物理模型试验研究，其韦伯数大于 500，且挑流水舌流速超过 6 m/s，满足泄洪雾化水流表面张力相似及水舌掺气相似的要求，表 4.6 列出了大比尺泄洪雾化降雨模型特征，模型对泄洪雾化降雨模拟的相似性较好。

表 4.6　大比尺泄洪雾化降雨模型特征

工程	模型比尺	最大坝高/m	最大泄洪流量/(m³/s)	模型特征流速/(m/s)	韦伯数 We
水布垭水电站	1：50	233	16 300	5.7~6.5	520~590
两河口水电站	1：40	248	4 056	7.5~8.0	590~650
构皮滩水电站	1：55	221	23 720	6.0~6.5	580~640
乌东德水电站	1：50	265	37 362	7.5~8.0	590~650

2. 原型观测泄洪雾化成果

对多个典型工程的泄洪雾化进行原型观测[29]，分析泄洪雾化原型的实测数据，研究雾源的主要分布规律及泄洪雾化的影响因素，其成果可以验证物理模型泄洪雾化测试成果的准确性。同时，结合物理模型成果对数学预测模型中雾化水滴的形态分布等基本计算参数进行了修正，进一步提升了数学预测模型的精度。

泄洪雾化水流是复杂的水-气和气-水两相流，其运动既受泄洪水头、泄洪流量和泄洪方式的影响，又受地形、气象等条件的制约。对于挑流消能的泄洪方式，其水流雾化问题较其他消能方式更为突出。为了预测和把握泄洪水流雾化的影响范围与程度，以便采用工程措施或其他防范措施来保证枢纽的安全运行，天津大学在对泄洪雾化进行研究的基础上建立了挑流泄洪雾化数学模型。

挑流泄洪雾化的具体研究方法如图 4.55 所示。

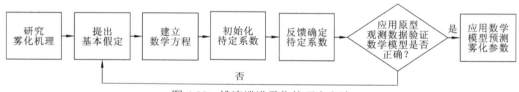

图 4.55　挑流泄洪雾化的研究方法

为了验证挑流泄洪雾化数学模型的适用性，利用乌江渡水电站、二滩水电站和锦屏水电站的原型观测资料对挑流泄洪雾化数学模型进行了验证计算。结果表明，挑流泄洪雾化数学模型合理，数值计算基本正确。

3. 减雾挑坎结构优化

纳子峡水电站溢洪道出口的原体型为舌形坎，左边墙往外偏移，水舌落入河道中分散，雾化现象严重。推荐体型是在原体型的基础上将挑角由原来的 60° 降为 51°，左边墙做成直线形，并在出口加扭曲贴角，对应模型试验的优化 3 体型如图 4.56 所示。在设计洪水工况下，对优化 3 体型泄洪洞联合泄洪时雾化仿真的成果与原体型、优化 2 体型的结果进行对比，如图 4.57 所示。对比原体型、优化 2 体型、优化 3 体型雾化结果可知，优化 3 体型雾化降雨范围较优化 2 体型更向下游偏移，发电厂房位于暴雨范围之外，同时暴雨范围远离业主营地，对办公、生活基本不构成影响[30]。

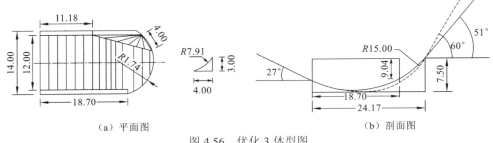

（a）平面图　　　　　　　　　　　　　（b）剖面图

图 4.56　优化 3 体型图

图中单位为 m

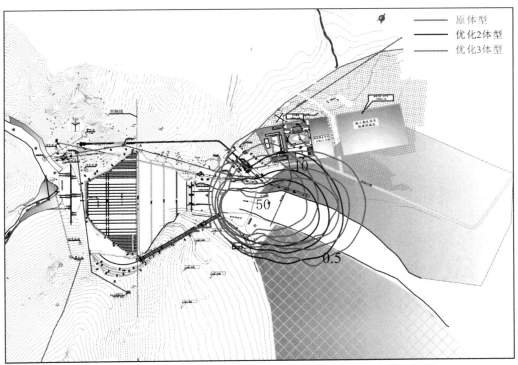

图 4.57　原体型、优化 2 体型、优化 3 体型地面降雨强度等值线图

第 **5** 章

枢纽泄洪运行安全性
快速智能评估

　　针对水利枢纽泄洪运行出现的不良水力现象，在研究其成因及诱发因素和相应调控响应特性与安全调度方式的基础上，融合模型试验、原型观测、数值模拟等多源信息，研发泄洪安全性的快速智能评估方法，形成快速智能评估体系，建立泄洪安全性的快速智能评估模型。

5.1 枢纽泄洪运行安全控制标准

5.1.1 底流消能脉动压力控制指标

1. 脉动上举力与脉动压强的关系

模型实测底板脉动上举力具有低频、正态的特性。图 5.1 为模型实测脉动压强与脉动上举力的关系，可以看出，两者基本上是线性关系，且脉动上举力等于脉动压强的 0.6～0.8 倍，由此可以导出点脉动压强与面脉动压强的点面转换关系。

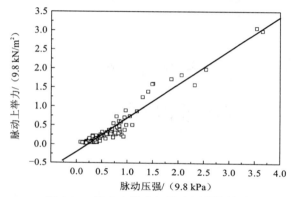

图 5.1　脉动上举力与脉动压强的关系

作用在板块上的脉动上举力与上下表面脉动压强的关系可表示为

$$\sigma_{F'} = \sqrt{\beta_1^2 \sigma_{p_1'}^2 + \beta_2^2 \sigma_{p_2'}^2} \tag{5.1}$$

式中：β_1、β_2 为上下表面脉动压强点面转换系数；$\sigma_{p_1'}$、$\sigma_{p_2'}$ 为上下表面点脉动压强的均方根。有研究结果表明，缝隙内水流脉动压强的互相关系数大于 0.93，说明缝隙内各点荷载的同步性相当好。

2. 上举力与水力条件的关系

模型实测最大上举力和脉动上举力的关系如图 5.2 所示，结果表明，最大上举力大致等于 7 倍的脉动上举力，时均上举力约占最大上举力的 57%。

图 5.3 为最大上举力（此处的最大上举力为同一水力条件下各板块沿消力池底板纵向的最大值，一般发生在消力池首端）与水力条件的关系。图 5.3 中显示，最大上举力与脉动压强具有相似的规律，拟合曲线为

$$\frac{F_{\max}}{\gamma H} = \frac{0.0815}{1 + e^{\frac{(Fr\sigma_j)^{-7.42}}{0.161}}} + 0.024 \tag{5.2}$$

式中：$F_{\max}$ 为底板单位面积的最大上举力；γ 为水的容重。试验条件为弗劳德数 $Fr = 6.62 \sim 10.4$。

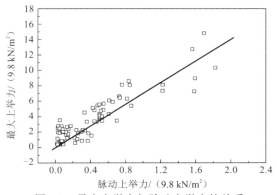

图 5.2　最大上举力与脉动上举力的关系

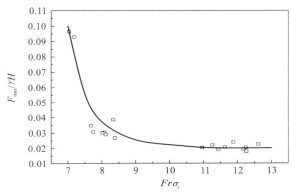

图 5.3　最大上举力与水力条件的关系

3. 底板抗浮稳定指标探讨

关于底流消能消力池底板稳定的控制指标，有关文献指出脉动压强均方根为入池流速水头的 5%～10%[31]，公式为

$$\sigma_{p'} = (0.05 \sim 0.1)\frac{V_c^2}{2g} \tag{5.3}$$

式中：V_c 为收缩断面平均流速；g 为重力加速度。

根据试验结果，可对脉动压强与上举力的量化关系做进一步解读。单位面积上的最大上举力大致为脉动压强均方根的 5 倍。若控制指标为 $\sigma_{p'} \leqslant 40$ kPa，则相当于最大上举力为 200 kN/m²。

5.1.2　挑流消能脉动压力控制指标

已有的研究成果表明，突变流动边界（如水跃、淹没射流等分离流）上，脉动压强主要由分离或扩散形成的大尺度漩涡所控制。考虑到紊动强度与水舌入水速度有关这一事实，脉动压强与冲击压强直接相关。

　　图 5.4 是几个工程模型实测脉动压强均方根和冲击压强的结果。可以看出，试验范围内两者之间基本上呈固定的比例关系。定性分析，冲击压强随水垫深度的增加而减小。在较小高度冲击射流（$h'_t/d_0 \leq 5$，h'_t 为水垫塘内水深，d_0 为水垫深度）情况下，水舌动能的 70%以上可以转化为压能，即冲击压强，而大高度射流（$h'_t/d_0 > 50$）由于水垫的耗能作用，仅有约 5%的动能到达底板转化为压能。脉动压强主要是水体紊动能的转化，虽然也随水垫深度的增加而减小，但衰减速度较冲击压强慢。因此，两者的比值 $\sigma_{p'}/\Delta P_m$ 随水垫深度的增加而增大。几个工程试验的水深 h'_t/d_0 在 20 左右，大体上有如下关系：

$$\sigma_{p'} = 0.45\Delta P_m \qquad (5.4)$$

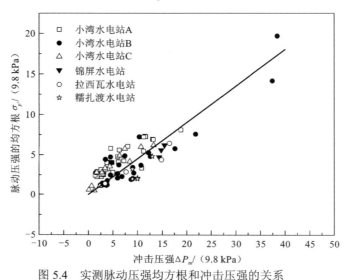

图 5.4　实测脉动压强均方根和冲击压强的关系

　　式（5.4）基本上能反映水垫塘冲击压强与脉动压强的关系，$\sigma_{p'}/\Delta P_m$ 为 0.4～0.6。若以冲击压强为控制指标，如取 $\Delta P_m = 150$ kPa，则意味着脉动压强的控制标准为 $\sigma_{p'} = 67.5$ kPa。

5.1.3　场地振动控制标准

　　振动响应是诱发振源与建筑物（生物体器官）相互耦合的结果，振动响应强度取决于振源激励能量、频率及建筑物的自振频率。建筑物的空间形式、结构尺寸、构造材质、边界约束、运行介质等确定后，其自振频率就得以确定，故称为固有频率。生物力学对人体各器官自振频率的研究已有确定性成果。如果振动不危害生物、建筑物及环境的安全，一般是允许的，反之，则必须采取措施予以避免，特别是共振，它是激励频率等于或接近建筑物的自振频率时产生的低阻尼、高响应的振动状态。

　　对于场地振动，建筑物的安全控制条件可参考《建筑工程容许振动标准》（GB 50868—2013）中交通振动对建筑结构影响在时域范围内的容许振动值，见表 5.1。

表 5.1　交通振动对建筑结构影响在时域范围内的容许振动值

建筑物类型	顶层楼面振动速度峰值/（mm/s）	基础振动速度峰值/（mm/s）		
	1～100 Hz	1～10 Hz	50 Hz	100 Hz
工业建筑、公共建筑	10.0	5.0	10.0	12.5
居住建筑	5.0	2.0	5.0	7.0
对振动敏感、具有保护价值、不能划归上述两类的建筑	2.5	1.0	2.5	3.0

《城市区域环境振动标准》（GB 10070—1988）、《住宅建筑室内振动限值及其测量方法标准》（GB/T 50355—2018）均通过铅垂向振动加速度对振级进行控制，相关规定值见表 5.2 和表 5.3。

表 5.2　城市各类区域铅垂向的振级标准值　　　　　　　（单位：dB）

适用地带范围	昼间	夜间
特殊住宅区	65	65
居民区、文教区	70	67
混合区、商业中心区	75	72
工业集中区	75	72
交通干线道路两侧	75	72
铁路干线两侧	80	80

表 5.3　住宅建筑物卧室内 1/3 倍频程铅垂向振动加速度级限值　　（单位：dB）

限制等级	时段	1/3 倍频程中心频率/Hz													
		1.00	1.25	1.60	2.00	2.50	3.15	4.00	5.00	6.30	8.00	10.00	12.50	16.00	20.00
1 级限值	昼间	76	75	74	73	72	71	70	70	70	70	70	71	72	74
	夜间	73	72	71	70	69	68	67	67	67	67	67	68	69	71
2 级限值	昼间	81	80	79	78	77	76	75	75	75	75	75	76	77	79
	夜间	78	77	76	75	74	73	72	72	72	72	72	73	74	76

5.1.4　雾化控制指标

泄洪雾化的主要控制指标是降雨强度及影响范围，雾化区内某点的雾流降雨的危害程度不仅与降雨量有关，还与当时当地的气象、地形等有关。按照雾流降雨可能发生的强度，将雾流降雨潜在危害程度分为三级，即很大、较大和不大，则

$$V = \{V_1, V_2, V_3\} = \{很大, 较大, 不大\}$$

建立雾流降雨潜在危害程度判别公式：

$$D_L = \sum_{i=1}^{n} w_i r_i \qquad (5.5)$$

式中：w_i 为判别因子的权重；r_i 为判别因子的作用指数。

根据表 5.4，判断雾流降雨潜在危害程度等级。

表 5.4　雾流降雨潜在危害程度等级判别表

指数	雾流降雨潜在危害程度等级		
	V_1	V_2	V_3
判别指数 D_L	0.85（含）～1.00	0.50～0.85	0.00～0.50（含）

5.2　泄流结构动态健康监测理论体系

泄流结构安全实时监控工作的着眼点是对其实际工作性态做出及时定量的安全评判，评判工作是一个多层次、多目标的复杂分析评价过程，有很大的难度：一是需要利用领域内的知识和经验对底板安全的概念进行统一与定量化；二是消力池底板的振动测试所得到的信息非常复杂，不仅存在随机意义上的不确定性，而且包含系统内涵和外延上的不确定性，即模糊性。消力池底板运行时的某一故障可能存在多种表现形式，且某一等级的故障与某一表现形式之间的联系是不确定的，缺乏非此即彼和一一对应的明显关系；在评价过程中，既要考虑单个测点所反映出的局部结构性态状况，又要考虑多个测点反映出的整体结构性态状况。模糊数学的发展为消力池底板故障诊断和安全性态的综合评判提供了有力工具。

5.2.1　模糊综合评判理论

综合评判就是综合考虑多种因素影响的事物或系统，并对其进行总的评判，当评判因素具有模糊性时，这样的评判称为模糊综合评判。

一级模糊综合评判是模糊综合评判的最基本形式。对于比较简单的问题，通过它可以得到较科学的结果。但是，对于复杂的问题，由于要考虑很多因素，各因素往往又有不同层次，如果也采用一级模糊综合评判，就不能解决因素具有多层次的综合评判问题。

由于对复杂事物的评判要涉及的因素往往很多，而每个因素都要赋予一定的权数，当因素很多时，就存在以下问题：①权数难以恰当分配；②得不到有意义的评判结果。

为了解决上述问题，可采用二级（或多级）模糊综合评判。具体的处理方法如下：可以将众多的因素按其性质分为若干类（每类包含的因素较少），先按一类中的各个因素进行模糊综合评判，然后再在类之间进行综合评判。

当因素具有多个层次时，先对最低层次的各个因素进行综合评判，一层一层依次往上评，一直评到最高层次，得出总的评判结果。

当因素具有模糊性时，此类方法的基本思想是，先把每一因素按其模糊程度分为若干等级，每一因素及其各个等级都是等级论域上的模糊子集。然后通过对一个因素的各个等级的综合评判来实现一个因素的评判，从而处理了因素的模糊性。最后对所有因素进行综合评判，得出所需的评判结果。

5.2.2　泄流结构运行状态安全度识别方法

1. 主要安全因子识别

安全监控工作是对建筑物及基础的实际安全度做出正确的评估，因此，必须有明确的安全度概念。安全就是指建筑物及基础的性状处于正常状态。作用于建筑物及基础之上的外部荷载（如自重、上下游水位差、温差变化等原因量）引起建筑物及基础的相应反应（如变形、位移、转动、位错、扬压力、渗漏量、应力、应变、坝温等效应量）的变化。在扣除了表征建筑物及其基础材料弹性性能的变化之后，这些效应量的变化幅度在允许的范围之内，可以认为其工作状态是安全的，否则视为异常，需做进一步的检查和判断。这一基本概念应是安全监控工作的出发点。

泄流结构运行的安全度是由消力池底板运行安全因子综合判定的，安全因子有主次之分，在安全度判定中起主导作用的因子即主要安全因子，在安全度判定中起辅助作用的因子即次要安全因子。多数专家给出的建议是，以振幅为最根本的出发点，因为振动的机理虽然非常复杂，到现在仍然无法穷求其理，但是止水破坏的最直观的表现是振幅的大小、持续时间的长短。另外，需要考虑振动频率的改变，并且在这些传统统计指标的基础上融入分形在故障诊断领域的最新研究成果，并将其作为一个诊断指标。

2. 安全度预警等级划分

各安全因子的取值范围变幅很大，若不进行规范化处理，则不能制定出统一的安全因子等级和安全度预警等级划分标准。安全度预警等级是按偏离正常运行指标区间的程度来划分的，采用正常状态、异常状态、险情状态三个等级来定性描述，以此构建安全因子相对于安全度预警等级的模糊子集。

正常状态指各主要监控指标的变化处于正常情况的状态。

异常状态指主要监控指标出现某些异常，因而影响正常使用的状态。

险情状态指监控指标出现重大异常，不安全因素正在加剧，若按设计条件继续运行将出现事故的状态。

5.2.3　消力池底板运行性态的模糊综合评判方法

消力池底板运行性态的模糊综合评判主要进行了以下工作。

（1）评价指标识别。根据消力池底板动力响应特性和领域专家经验确定的消力池底板安全监控综合评价指标体系分为四层，即目标层、准则层、子准则层、指标层。

（2）评价等级划分。通过对已有的划分方法、相应的规程规范、大坝安全定检的经验及人类的心理活动等多方面因素进行综合分析，将消力池底板运行性态综合评价中的指标评价等级划分为正常、异常、险情，即

$$X=\{X_1，X_2，X_3\}=\{正常，异常，险情\}$$

（3）指标的度量方法。根据消力池底板安全监控综合评价指标体系的特点，对于指标层的监控指标采用定量识别的方法，即根据监控模型的计算分析，确定 X_1、X_2、X_3 的具体区间范围，按照安全度等级和监控指标的研究成果进行三级划分。对于准则层的监控指标则采用专家评分的方法，即根据消力池安全评价的特点，选择 N 位水工及结构振动领域的专家，每位专家根据自己的专业知识、实践经验独立地对各定性指标进行评分，然后对 N 位专家的评分进行综合。目前常用的专家评分综合方法有完全平均法、中间平均法和加权平均法。

（4）建立隶属函数模型。根据监控指标的层次构架和复杂程度，选用"半梯形分布图"隶属函数。

（5）指标体系综合评判。根据指标体系综合评判函数，对消力池底板监控指标评判体系进行三级模糊综合评判。

5.2.4　泄洪安全综合评判方法

利用信息融合技术，对大量原型观测、模型试验、数值仿真的结果数据进行关联、比对、交叉和筛选，然后进行各种特征值的计算，选择其中对结构破坏状态较为敏感的几个特征量作为监测指标，构建了监测指标体系。综合应用国内外在高坝泄流结构稳定性方面的研究成果、模型试验和原型观测成果，并访问了众多专家，将这些成果归纳整理成知识库和推理机，建立多功能的方法库，应用模式识别和模糊综合评判理论，通过综合推理机，对四库进行综合调用，将定量分析与定性分析结合起来，对高坝泄流结构风险进行综合分析和评价，并对发现的不安全因素或病害、险情提出辅助决策措施的建议，实现实时分析高坝泄流结构安全状态和综合评价其安全状况的目标。泄洪安全综合评判框架如图 5.5 所示。

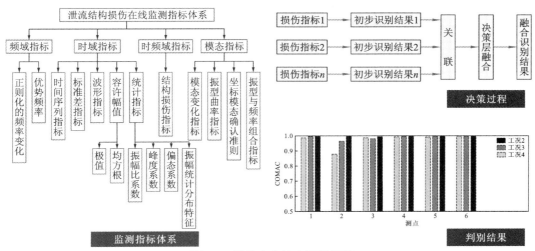

图 5.5　泄洪安全综合评判框架

COMAC 为坐标模态确认准则, 1 为未受损, 小于 1 为受损

5.3　泄洪优化调控耦合模型

建立了耦合泄洪诱发振动安全约束的水电站泄洪优化调控模型, 利用该模型可得到最优泄洪调控方案, 为解决泄洪诱发的振动安全问题提供了可行途径, 并用此模型对向家坝水电站泄洪诱发的场地振动进行调控优化。

5.3.1　技术路线和模型构建

针对泄洪诱发的振动安全问题进行泄洪模式优化调控, 将泄洪诱发的振动安全问题与泄洪优化调控模型进行有机耦合。技术路线如图 5.6 所示。

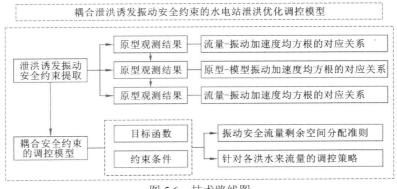

图 5.6　技术路线图

5.3.2　整体思路、求解框架及方法推进

　　建立了耦合泄洪诱发振动安全约束的两阶段对冲优化调控模型。在求得各洪水来流量等级下的解析解后，利用启发式算法进行优化得到最优泄洪调控方案；为解决泄洪诱发振动安全问题的泄洪模式优化提供了可行途径。模型求解步骤如图 5.7 所示：①利用原型观测及试验数据得到水库泄洪流量与竖直方向振动加速度均方根之间的包络关系，从中提取泄洪振动安全流量上限；②将此流量限值作为泄洪振动安全流量的剩余空间约束耦合到优化调控模型中；③进一步运用基于对冲理论的泄洪调控模型解析解对现阶段及未来阶段泄洪振动安全流量剩余空间进行分配；④在此基础上运用启发式优化算法对每时段水电站的下泄流量进行具体优化，得到泄洪诱发振动风险最小化的泄洪调控策略。

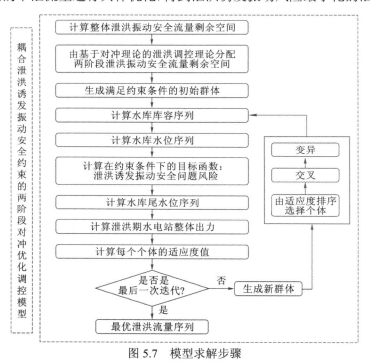

图 5.7　模型求解步骤

5.3.3　模型应用及优化效果

　　经向家坝水电站实例验证，本优化调控模型融合模型试验与原型观测手段量化的场地振动环境安全流量约束为 13 900 m³/s。对本模型所划分的四种洪水等级各选取一个洪水过程作为代表，对各等级洪水的具体调控策略进行总结：当泄洪振动安全流量剩余空间小于 6.6×10^8 m³ 时，通过对冲泄洪策略可降低泄洪诱发振动安全问题的风险和振动响应；当泄洪振动安全流量剩余空间大于 6.6×10^8 m³ 时，通过传统泄洪策略不会增加安全问题的风险，会降低泄洪峰值流量及振动响应峰值，避开振动敏感区。通过最优泄洪调

控策略，泄洪诱发振动风险相对传统策略可降低 6.95%，水电站水头会更高，提高水电站机组运行效率和整体发电量约 0.78%。

5.4　泄洪安全快速智能评估模型

5.4.1　评估模型系统框架

在满足泄洪建筑物、消能建筑物及近坝区其他建筑物泄洪运行安全评估控制指标要求的条件下，综合考虑泄洪运行中的安全问题及影响因素，结合安全监测数据、枢纽调度信息、气象条件等相关基础资料，构建了以向家坝水电站为示范工程的泄洪安全快速智能评估模型。

泄洪安全快速智能评估模型系统框架如图 5.8 所示，泄洪安全监测及评估指标模块如图 5.9 所示。

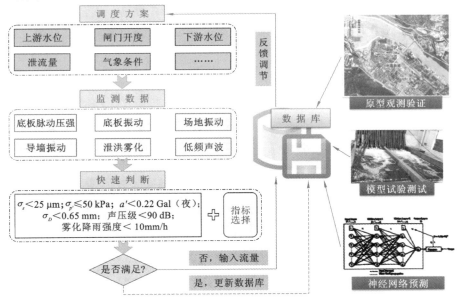

图 5.8　泄洪安全快速智能评估模型系统框架

σ_s 为水垫塘底板振动位移均方根；a' 为场地振动加速度，1 Gal = 1 cm/s^2；σ_D 为导墙振动位移均方根

（1）主要通过原型观测、辅助模型试验、数值模拟及神经网络预测获得满足安全评估控制指标要求的泄洪运行工况原始数据库；

（2）对当前调度方案下的消力池底板脉动压强、底板振动、导墙振动、场地振动、低频声波、泄洪雾化等指标进行监测；

（3）根据当前工况下的监测数据，对选定的监测指标参数进行计算求解，并对选定的所有监测指标进行安全判定；

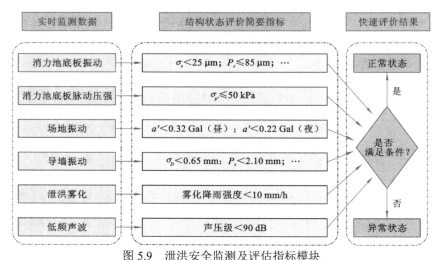

图 5.9　泄洪安全监测及评估指标模块

P_s为水垫塘底板或导墙振动位移峰值

（4）监测指标在安全阈值内，则给出"正常状态"的评估结论；监测指标超过安全阈值，给出"异常状态"的评估结论，评估结论为"异常状态"时，根据来流条件从数据库里搜索能降低超阈值指标的优化调控方案，并对当前调度方案进行调整。

5.4.2　评估模型界面及功能

向家坝泄洪安全快速智能评估模型软件的主界面如图 5.10 所示，主要包含"调度方案输入与显示"、"监测数据实时测试与分析"、"监测结果评估"及"数据库更新/调度方案优化"四个模块。

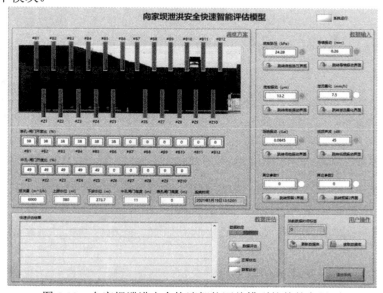

图 5.10　向家坝泄洪安全快速智能评估模型软件的主界面

现场测试传感器监测的物理量通过电缆或光纤每隔一定时间传输至评估模型，评估模型接收到相关数据后自动对其进行分析和处理，并提取预先指定的监测指标。图 5.11 给出了实时监测数据传输到该软件后的时程图显示和主要指标自动分析计算结果的界面。

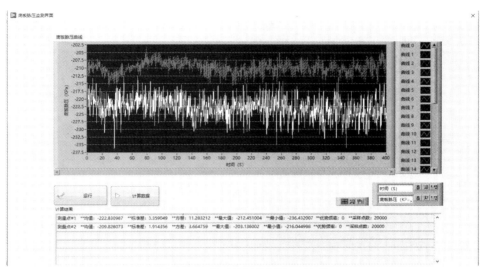

图 5.11　监测数据分析处理界面

在原型观测过程中，当泄洪流量为 6 000 m³/s 时，坝身中孔单池敞泄所产生的场地振动较大，超过了规范规定的阈值。因此，本软件模拟该泄洪工况，图 5.12 给出了 6 000 m³/s 泄洪流量条件下，向家坝右池中孔中间三孔敞泄、两个边孔控泄的工况下，消力池底板脉动压强和振动均方根、导墙振动均方根、泄洪雾化、场地振动最大值和低频声波均方根的数值。由于现场实测数据不易完全收集，上述监测数据部分来自模型试验和数值模拟。

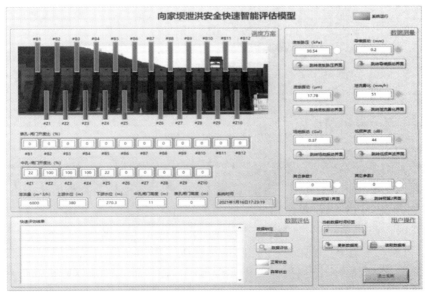

图 5.12　泄洪工况安全性分析

在上述工况下，对所监测的各项指标的分布范围进行评估判断，能准确识别出场地振动最大值大于安全阈值，该工况为异常状态。图 5.13 给出了在上述工况和监测数据条件下，单击"数据评估"按钮得到的快速评估结果界面。

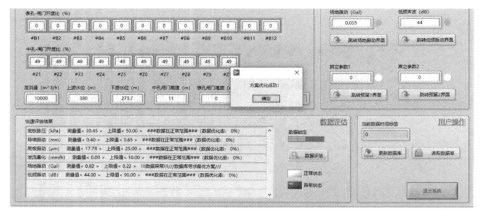

图 5.13　泄洪监测异常数据识别与预警

在数据异常的情况下，本模型自动搜索数据库，找出泄洪流量与目标工况相同的典型工况和对应典型工况下的各个监测指标，并自动将工况参数代换为典型工况的参数，以完成调度方案的智能优化。图 5.14 给出了泄洪调度方案优化后的结果界面，可以看到，此时场地振动最大值经优化明显小于安全阈值，而且优化率达到了 76%。

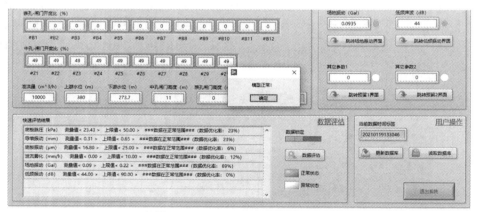

图 5.14　泄洪调度方案智能优化

必须指出的是，本模型需要依赖于大量的原型观测数据及水力学试验数据，理论上当数据库数据足够多时，对于任何泄洪流量下的工况，一旦某个监测指标超出正常范围，均可以在数据库中找到满足各个监测指标要求的优化替代工况。当某个工况各监测指标为正常状态时，可以通过单击"更新数据库"按钮将该工况保存，作为该泄洪流量下的典型工况，以备后续在该泄洪流量下监测指标超限时作为备选的优化替代方案。如图 5.15 所示，当对应工况的各个监测指标处于安全范围内时，单击"更新数据库"按钮即可将该工况保存至数据库。

图 5.15　评估模型数据库操作界面

为了全面掌握数据库中的信息,可以在图 5.15 中单击"读取数据库"按钮进行数据的读取和操作。读取数据库界面如图 5.16 所示,在左上角的"SQL 查询"文本框可以输入语言进行数据库的增删、合并、修改等常规操作。同时,通过右上方的"查询""遍历""查询时间标签""删除时间标签"等按钮,可以对数据库中的数据条目进行查询、调用、遍历、删除等操作。"查询结果"显示如图 5.17 所示。

图 5.16　读取数据库界面

本评估模型调度方案优化功能的实现需要大量物理模型试验、原型观测、数字计算分析研究成果数据形成典型工况数据库,当出现原型观测工况某监测指标超出安全阈值,但经数据库全面搜索后发现库中没有对应泄洪流量或相近泄洪流量下的满足安全运行条件的典型工况时,向下或向上调减一定幅度的流量区间,以便顺利完成调度方案的优化操作。

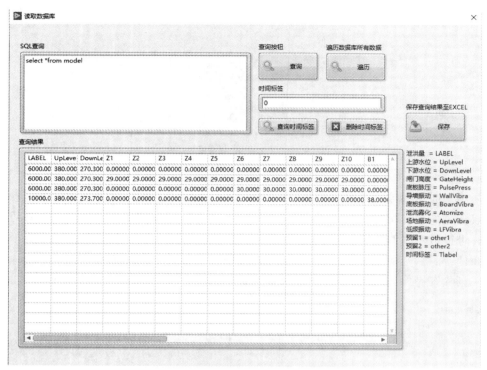

图 5.17 数据库包含的正常运行工况

第 **6** 章

实时调控技术及测控系统

为有效监测枢纽的基本状况及受力效应的变化规律，及时发现异常现象并分析处理，确保安全，需对水利枢纽进行监测。除了外部变形监测，内部变形监测，枢纽及其基础的渗流监测、温度监测、应力应变监测、坝体接缝监测等，还需要对水力指标进行实时监测并及时反馈、调控。消能建筑物实时安全监测及预警预报系统是融合现代传感技术、信号采集与传输技术开发的一套集成系统，该系统可以单独运行，也可以通过局域光纤网络与整个管理信息系统连接，作为其子系统，与大坝其他监控系统和管理系统联合应用，实现远程实时触发采集、保存、分析和结果浏览。

6.1　高坝泄洪安全监测的常规方法与实时监控技术

6.1.1　监测仪器

1. 监测仪器性能要求

监测仪器设备必须具备下列条件。

仪器设备的生产厂家应符合《中华人民共和国计量法》的有关规定；国产商品化仪器设备生产厂家必须持有《工业产品生产许可证》，并已通过《质量管理体系要求》（GB/T 19001—2016/ ISO 9001:2015）质量体系认证；承包人自制仪器设备应满足相关技术指标和功能要求。

采用的全部监测仪器设备必须具有在国内大（中）型工程中成功应用的实例的合格产品，主要仪器设备应是国内知名专业生产厂家的产品。

监测仪器性能稳定、质量可靠、耐用，技术参数（量程、精度等）满足相关标准及应用要求。

2. 主要监测仪器设备

1）压力传感变送器

压力传感变送器用于动水压力（含时均压力及脉动压力）监测，在水流较平稳部位可进行水位监测，能实现较长距离信号传输及自动化采集。

应根据测量部位在各种运行工况下可能出现的最大动水压强合理选择传感器的量程，确保满足在各种运行工况下的监测需要。

除应考虑其量程和精度外，要确保其防水性，压阻式传感器的测头宜选用不锈钢双隔离膜形式。

传感器的正常工作温度范围应覆盖过流测量的环境温度。

传感器的外壳应有足够的强度，正常安装不改变传感器的初始状态。

传感器的响应频率范围应满足脉动压力信号监测的需要，一般情况下其响应频率应大于 60 Hz，水流紊动剧烈或掺气时应适当增大压力传感器的响应频率范围。

例如，KYB18 压力传感变送器系列采用美国进口高精度、高稳定性芯片经精密温度补偿和独特的传感器应力隔离技术封装而成。

其主要性能如下：壳体材料为不锈钢（能承受 3 倍测量压力的外力），精度为 ±1%F.S，稳定性为 ±0.25%F.S/a，非线性为 ±0.20%F.S，迟滞和重复性为 ±0.10%F.S，零点温度系数 $<2.5 \times 10^{-4}\ ℃^{-1}$F.S，灵敏度温度系数 $<2.5 \times 10^{-4}\ ℃^{-1}$F.S，零点输出可调，满度输出为 5 000 mV。

2）差压传感变送器

差压传感变送器用于底流速监测及相邻两测点压力差的测量，能实现较长距离信号传输及自动化采集。

应根据测量部位在各种运行工况下可能出现的最大流速水头压强与静水压强合理选择传感器的量程，确保满足在各种运行工况下的监测需要。

除应考虑其量程和精度外，要确保其防水性，压阻式传感器的测头宜选用不锈钢双隔离膜形式。

传感器的正常工作温度范围应覆盖过流测量的环境温度。

传感器的外壳应有足够的强度，并能与流速测头连接方便。

例如，KYB14 差压传感变送器系列的壳体材料为不锈钢（能承受 3 倍测量压力的外力），其主要性能如下：精度为 ±1%F.S，稳定性为 ±0.5%F.S/a，零点温度系数 $<2.5 \times 10^{-4}$ ℃$^{-1}$F.S，灵敏度温度系数 $<2.5 \times 10^{-4}$ ℃$^{-1}$F.S，零点输出可调，满度输出为 5 000 mV。

3）底流速仪

底流速仪用于底流速监测，按照毕托管原理自行研制加工，样品见图 6.1。内部安装差压传感变送器后能实现较长距离信号传输及自动化采集。

流速仪有多种形式：①旋杯式和旋桨式流速仪；②多普勒流速仪；③超声波流速仪；④毕托管式流速仪。前两种流速仪的测速范围较低（<20 m/s），超声波流速仪要在过流面安装，且未见有流线形，易引起近壁区空化，故也不适合用于高速水流区。毕托管利用滞点的动水压强与未受探头干扰的静水压强之差来计算流速，毕托管的修正系数 C 一般由

图 6.1　底流速仪

率定求得。因标准毕托管测流速的适用范围较小，为适应高流速的测量，在原型观测中，常采用毕托管动压管制成的动压管流速仪，静压则取自附近区域不受毕托管干扰的壁面静水压力，当毕托管为流线形时，可近似取 $C=1$。底流速仪可采用不锈钢加工，总压式探头的水平剖面为轴对称流线翼形，差压传感变送器一端连接毕托管动压管，另一端连接壁面静水压力测点，该仪器与差压传感变送器配套既能测量流速的时均值，又能测量其瞬时（脉动）值。

4）振动传感器

振动传感器的种类丰富，按照工作原理的不同，分为电涡流式振动传感器、电感式振动传感器、电容式振动传感器、压电式振动传感器和电阻应变式振动传感器等。

天津大学研制的 LFD 系列低频位移振动传感器，能实现较长距离信号传输及自动化采集。其主要性能如下：灵敏度为 5～15 mV/μm，响应频率为 0.35～1 000 Hz，幅值线性度 <5%，供电电源为 12 V 直流电压，使用温度范围为-20～60 ℃。

5）磨蚀计

磨蚀计能直观反映混凝土的磨蚀程度，测量方便，显示直观，能实现较长距离的信号传输。例如，中国电建集团中南勘测设计研究院有限公司（简称为中南院）研制的产品的主要性能如下：测量范围从 0～100 mm 至 0～500 mm，分档级差为 50 mm，测量精度为 ±（1～2）mm，供电电源为 12 V 直流电压，水密耐压为 2 MPa，容许温度 <70 ℃。

6）泄洪雾化降雨观测仪器

泄洪雾化降雨观测仪器用于洪水时泄洪建筑物产生的强雾化区降雨量的监测。目前，市面用于气象监测的定型产品的最大量程为 240 mm/h，不能直接用于泄洪雾化降雨区的监测，必须用大量程雨量计实现对超大降雨强度的测量。长江水利委员会长江科学院目前正在研究、开发的泄洪雾化超强降雨在线监测预警系统及已经完成的降雨强度分析系统软件，可监测强度达 6 000～10 000 mm/h 的泄洪雾化降雨，且结构强度高，能满足核心雾化区超强降雨和水舌风（风速达 30 m/s 以上）叠加作用下的正常工作要求。

7）风速仪

风速仪直接采用用于气象监测的定型产品。PH450 型风速仪的测量风速范围为 1～30 m/s，主要技术指标如下：风速分辨率为 0.5 m/s，误差为 ±5%F.S，风向为 0°～360°（分 16 个方位），旋杯的启动风速<0.8 m/s，最大允许风速误差修正后<0.4 m/s，风向误差为 ±10°。

8）掺气浓度传感变送器

掺气浓度传感变送器用于掺气坎后水流掺气浓度监测，采用平行电极式，一般使用不锈钢电极。电极的外形对水流干扰小，经过的水流不致发生分离，一般传感器电极感应面应与底座盖板齐平，绝缘条件好；电极间的距离恒定不变；电极材料的导电性能稳定，在电场作用下不产生极化，长期在水中不氧化、不锈蚀。

掺气浓度传感变送器由水利行业专业研究院自主生产，主要有长江水利委员会长江科学院和中国水利水电科学研究院根据麦克斯韦理论设计的平面电阻式不锈钢电极掺气浓度探头，已经在多个水利水电工程原型观测中使用。其主要技术指标如下：量程为 0～100%，清水电阻为 200～1 500 Ω，误差为 ±1%F.S。

3. 泄洪雾化超强降雨自动监测装置

针对传统雨量计量装置存在的量程远不能满足要求、结构强度不能满足要求、不能在线监测预警等缺点，在总结分析前期研究成果、收集已有工程观测资料的基础上，结合现场安装条件，设计满足结构及强度要求并能简便安装、牢固固定的雨量计结构体型，并以此为基础形成泄洪雾化超强降雨在线监测预警系统。

通过泄洪雾化超强降雨在线监测预警系统的研发与推广，弥补传统雨量计量装置的不足，从而填补目前泄洪雾化监测的设备空白，为高坝泄洪安全实时评估预警、提高水力学雾化专项监测自动化水平等提供仪器产品支持。

泄洪雾化超强降雨自动监测装置的样机以液位计-电磁阀联动，并申请了专利，样机工作原理详见图 6.2。针对样机，开展了室内和工程泄洪雾化降雨标定试验。

试验降雨强度范围为 3 000～30 000 mm/h，5 个流量级别，每级流量采集 25～45 组数据，共计约 200 组对比数据，试验结果见表 6.1。试验数据表明，本装置可顺利连续监测最高达 30 000 mm/h 的泄洪雾化超强降雨，误差在 5% 以内，结构可抵御 30 000 mm/h 的泄洪雾化超强降雨及高达 40 m/s 的风速的共同作用。测量数据可以实现实时自动监测和信号传输。

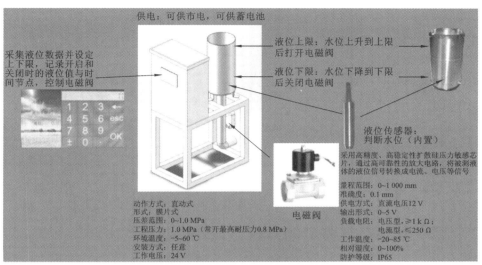

图 6.2 液位计-电磁阀联动式泄洪雾化超强降雨自动监测装置工作原理

表 6.1 样机测量精度标定试验

项目	雨量计标定				
	1	2	3	4	5
采用量筒测量值/（mm/h）	3 500	9 858	19 881	13 733	29 331
采用仪器测量值/（mm/h）	3 330	9 979	20 075	13 927	29 096
修正偏差/%	−5	1	1	1	−1

4. 新式动态掺气浓度仪的研发与应用

高水头泄洪建筑物的空蚀破坏可以通过调整水流中的含气量来进行改善和避免。在工程实际中，提出了多种形式的掺气设施，而对挟气水流中掺气浓度的测量是目前评估掺气设施性能的重要手段。传统的人工手动测量方式可以近似地获得稳态过程的时均掺气数据，但不能系统、精准地反映全时域掺气浓度的变化，对非稳态过程的掺气变化更是无法捕捉。

1）技术特点

针对枢纽泄洪安全运行中掺气减蚀效果的监测，研发并改进新式动态掺气浓度仪。通过向家坝水电站泄洪建筑物水力学原型观测、多座枢纽泄洪建筑物水力学模型试验中掺气浓度数据及仪器使用情况的整理与分析，对水力学原型、模型试验中通常使用的静态掺气浓度仪进行了改进，调整了掺气浓度仪的硬件及率定，将其由静态掺气浓度数据测量改进为动态掺气浓度数据测量，提高了测量分辨率，使动态掺气浓度测量系统能够适应更广泛的原型、模型试验条件。

2）性能指标

示值误差：电导（电导率）小于 0.5%F.S，掺气、电阻比小于 0.3%。

标准量程：电导（电导率）为 0～3 mS（0～3 mS/cm），掺气为 0～100%或 0～1.000。

拓展量程：电导（电导率）为 0～5 mS（0～5 mS/cm）。

电极常数调节范围：0.8～1.2。

清水电阻调节范围：200～2 000 Ω 及以上。

配接电极常数 J：0.01、0.1、1.0、10.0。

供电源：直流 12～15 V/10 mA。

标准信号输出：电导（电导率），直流 0～3 V 对应电导（电导率）0～3 mS（0～3 mS/cm）。

掺气浓度：直流 0～1 V 对应（R_0/R_c，R_0 为不含气时的清水电阻，R_c 为含气时的水电阻）0～1.000。

响应时间：仪表显示≤0.3 s，信号输出≤0.1 s。

6.1.2　高坝泄洪安全监测的常规方法

大坝安全监测的技术经过了近百年的发展，其重要性已逐步被人们所认识和关注，形成了相对成熟与规范的方法。消能建筑物（水垫塘底板等防护结构）的安全储备与大坝主体结构的安全储备相比要小得多，由于其直接承受高速水流的作用，破坏的概率要大得多。然而，目前对消能建筑物的安全监测手段和技术方法还比较落后，特别是不能满足动态实时监控的要求。例如，规范规定的水垫塘安全监测项目包括水流流态、水面线、流速、动水压力等，存在以下不足：①由于恶劣的观测条件，水流流态、流速、水面线等观测项目的测点位置、观测频次、测读准确性和可靠性都受到了很大限制，无法提供安全实时监控所需要的时间和空间上的连续信息，动水压力观测时效性差，无法长期有效地监控底板的运行状态，水垫塘底板的人工巡视检查要在非汛期抽干水后进行，不具有实时性，频次也很有限；②这些监测方法不能与底板止水状况、底板是否倾覆等底板稳定性问题直接挂钩，都存在建模、提取安全监控指标困难的问题。因此，寻求以新的技术手段、新的建模方法及新的安全监控指标体系为内容的水垫塘底板安全实时监控系统就显得尤为重要，它可以弥补传统监测所存在的不足。

6.1.3　高坝泄洪动态安全监控及预警系统

1. 泄洪安全监控及预警系统集成

在分析官地水电站、二滩水电站、锦屏一级水电站、溪洛渡水电站等多个工程的泄洪安全实时监控与预警资料的基础上，建立适用于不同消能形式的安全快速智能评估技术体系[32]。结合测试系统、各参数安全检测指标，形成综合评价系统，为泄洪安全检测系统提供输入条件，研发高坝泄洪安全监控及预警系统集成，见图6.3。

2. 锦屏一级水电站泄洪安全分级预警指标

总结已有的泄洪洞安全监控手段及各方面的监控方法，建立了锦屏一级水电站高水头泄洪洞水力学与结构力学耦合动力安全监控及实时预警指标体系。监测指标体系融合了水力学（空化数、磨蚀量、脉动压力）、振动响应（位移）和声学指标（空化噪声）等多种安全监测指标，并提出了分级预警指标阈值[33]，见图 6.4、表 6.2。

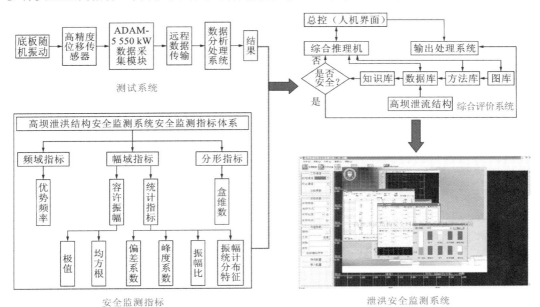

图 6.3　高坝泄洪安全监控及预警系统集成

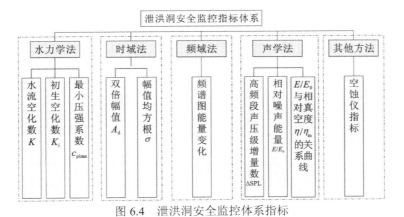

图 6.4　泄洪洞安全监控体系指标

表 6.2　锦屏一级水电站泄洪洞分级预警指标阈值

预警/级别	安全/I 级	低警/II 级	中警/III 级	高警/IV 级
综合监控指标	$K>0.3$；$\Delta SPL < 10$ dB；$E/E_0 < 2$；其他监测指标无明显变化	$0.2<K<0.3$；10 dB $< \Delta SPL < 20$ dB；$E/E_0 \approx 2$；E/E_0 与 η/η_m 的关系曲线出现拐点，拐点处 $\eta/\eta_m \geq 1$	$K<0.2$；$\Delta SPL>20$ dB；$E/E_0>2$；E/E_0 与 η/η_m 的关系曲线的斜率>1，并迅速增大；A_d、σ 小幅度增大；空蚀仪出现脉动信号	空蚀仪脉动幅值增大；A_d、σ 大幅度增大；频谱图能量变化明显

通过理论研究，特大型水利工程的数值模型分析，以及小湾水电站、二滩水电站、拉西瓦水电站、向家坝水电站、溪洛渡水电站、锦屏一级水电站等大量相关工程的模型试验成果和原型观测成果，结合锦屏一级水电站的特点，针对消力塘底板提出了适用于特定工程的安全预警指标，见表6.3。

表6.3　锦屏一级水电站消力塘底板安全预警指标

等级指标	正常状态（绿色）	异常状态（黄色）	险情状态（红色）
优势频率/Hz	>0.35	0.2～0.35	<0.2
极值/μm	<100	100～220	>220
均方根/μm	<32	32～70	>70
偏差系数	−0.5～0.5	0.5（含）～2，−2～−0.5（含）	<−2，>2
峰度系数	2～6	0～2（含），6（含）～15	>15
振幅比系数	0～1.5	1.5（含）～4.5	>4.5
振幅统计分布特征	<4.0	4.0～12	>12

3. 锦屏一级水电站泄洪安全监控及预警系统

针对锦屏一级水电站和溪洛渡水电站泄洪结构安全问题，建立了消能防护结构安全的水力学与结构动力学耦合动态实时监控系统，在锦屏一级水电站和溪洛渡水电站成功得到应用，实现了下游消能防护结构运行安全的实时监控[33]，见图6.5、图6.6。

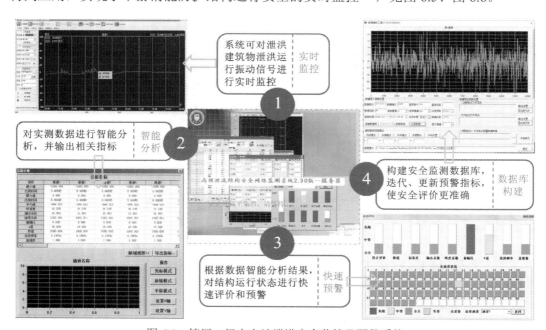

图6.5　锦屏一级水电站泄洪安全监控及预警系统

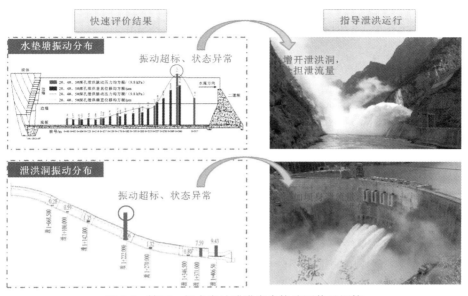

图 6.6　锦屏一级水电站泄洪安全快速评价及调控

6.2　在线监测和实时调控系统研发

在线监测和实时调控系统研发的内容与技术手段主要包括了以下几个方面。

（1）传感器的选择与安装。高性能智能化的位移传感器保证了其在复杂和恶劣水工环境下的长期运行稳定性，以便实时监测泄洪引起的结构动力响应。常用于水力学参数监测的仪器主要有压力传感变送器、差压传感变送器、底流速仪、振动传感器、磨蚀计、泄洪雾化降雨观测仪器、风速仪、掺气浓度传感变送器等。

（2）监测信号的采集与传输。在线自动化监测系统实现了远程即时触发采集，不仅测读快，测读及时，而且能够满足多测点、密测次的要求，在时间和空间上提供更为连续的信息，并且保证了测读的准确性和可靠性。

（3）泄流结构安全监控模型和监控指标研究。对泄洪消能防护结构的安全度进行综合分析和评价，并对发现的不安全因素或病害、险情提出分级报警，实现实时分析泄洪建筑物安全状态和综合评价泄洪建筑物大坝安全状况的目标。

（4）安全监控的系统集成。综合以上工作，集成高坝泄流结构泄洪安全实时监控系统。

（5）操控泄洪闸门，按照提供的数据指令开关闸门，并锁定位置，显示实际开度。

6.2.1　泄洪安全监测及调控系统总体架构设计

1. 系统总体功能

1）自动化数据采集系统

自动化数据采集系统是按照相关设置，对分布在枢纽工程建筑物和边坡的各类监测传感器的标准和非标准电信号进行准确的采集，传输到指定的存储设备上，并按照一定的格式进行储存。数据采集装置之间、数据采集装置与监测管理站之间、监测管理站与监测管理中心站之间通过系统网络连接，实现对各数据采集装置的管理。

2）工程安全监测管理软件

工程安全监测管理软件主要对所有监测数据及与安全有关的文件、施工资料等进行科学有序的管理、整理整编与初步分析，并最终将分析成果、原始信息等以可视化的方式输出，为实时掌握工程的运行状况提供基础数据。

3）闸门控制系统

闸门控制系统接收评估系统优化发出的闸门操作指令，发出操作信号，操控表孔及中孔闸门，使之按照提供的数据指令开关，并锁定位置，显示实际开度。

2. 系统总体架构设计

泄洪安全监测及调控系统总体架构设计如图 6.7 所示，将系统划分为数据采集层、数据存储层、服务层、业务应用层和用户层五个层级，详细阐述如下。

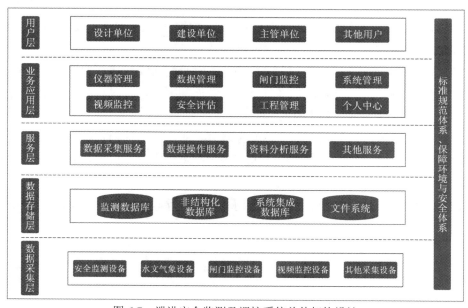

图 6.7　泄洪安全监测及调控系统总体架构设计

（1）数据采集层：数据采集层为金沙江向家坝水电站泄洪安全监测现场前置监测采集设施，主要包括安全监测设备、水文气象设备、闸门监控设备、视频监控设备及其他采集设备。

（2）数据存储层：数据存储层为系统的数据基础，主要为整个系统存储数据，为业务应用提供数据，包括系统集成数据库、监测数据库、非结构化数据库等数据库。其中，系统集成数据库储存整个系统的基础信息；监测数据库储存安全监测数据；文档资料、视频语音资料等存放在非结构化数据库中。另外，系统在与闸门监控子系统进行系统集成时，建立相应的系统集成数据库以进行必要的数据存储。

（3）服务层：服务层是以服务的形式提供全系统共享的信息资源的集合，服务内容主要包括数据采集服务、数据操作服务、资料分析服务、其他服务。资源共享的实现有赖于服务共享技术的支撑，服务层作为整个系统的服务中心，提供信息发布、资源检索、资源申请和服务注册功能；同时，提供对服务的管理功能，如系统配置、安全管理和运行保障。

（4）业务应用层：业务应用层为金沙江向家坝水电站泄洪安全监测及调控系统的核心，由仪器管理、数据管理、闸门监控、视频监控及其他业务应用组成，并且预留接口满足后期扩充需求，也可以根据用户实际需求进行系统业务功能的定制开发。

（5）用户层：金沙江向家坝水电站泄洪安全监测及调控系统的用户主要是设计单位、建设单位、主管单位及其他用户；用户在各种权限范围内使用系统，系统支持用户权限的管理及用户信息的管理。

（6）标准规范体系、信息安全体系：标准规范体系指贯穿于整个金沙江向家坝水电站泄洪安全监测及调控系统的标准和规范,提供整个系统参与方均能遵守和理解的语义，避免因为标准和规范不统一而引起问题；信息安全体系在整个系统上提供安全保障，包括系统总体的安全、硬件网络层的安全、操作系统的安全、数据库的安全、服务的安全和业务应用的安全。

6.2.2　枢纽泄洪运行安全实时调控技术集成

1. 技术架构

1）浏览器/服务器模式

泄洪安全监测及调控系统采用浏览器/服务器（Browser/Server，B/S）模式。B/S 模式是 Web 兴起后的一种网络结构模式，Web 浏览器是客户端最主要的应用软件。这种模式统一了客户端，将系统功能实现的核心部分集中到服务器上，简化了系统的开发、维护和使用。用户只需安装浏览器，系统核心业务放在服务器端完成，并在服务器安装 Oracle、Microfost SQL Server 等数据库,浏览器通过 Web 服务器与数据库进行数据交互。B/S 模式网络结构图如图 6.8 所示。

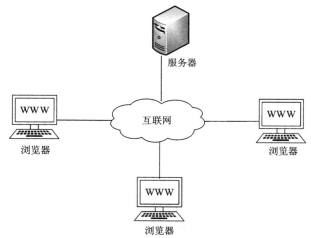

图 6.8　B/S 模式网络结构图

B/S 模式的使用越来越多，特别是需求推动了 AJAX 技术的发展，它的程序也能在客户端上进行部分处理，从而大大减轻了服务器的负担，增加了交互性，能进行局部实时刷新。

总体来说，B/S 模式的优势在于客户端无须部署与维护，开发速度快，升级维护方便，而且扩展性强；但是基于 B/S 模式的软件系统存在客户端功能较弱、无法处理大规模数据计算任务、安全性不足等缺点。

2）系统架构技术

泄洪安全监测及调控系统使用微服务架构，打造轻量级、开放性强、易迭代的信息系统。微服务架构见图 6.9，微服务架构组成示意图见图 6.10。

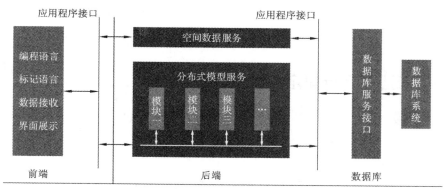

图 6.9　微服务架构图

微服务架构是一种架构概念，旨在通过将功能分解到各个离散的服务中来实现对解决方案的解耦。微服务架构的主要作用是将功能分解到离散的各个服务当中，把一个大系统按业务功能分解为多个小系统，并利用简单的方法使多个小系统相互协作，组合成一个大系统，从而降低系统的耦合性，并提供更加灵活的服务支持。

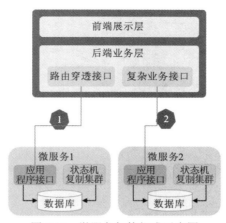

图 6.10　微服务架构组成示意图

　　泄洪安全监测及调控系统采用 Spring Cloud 微服务架构。Spring Cloud 作为一套微服务治理框架，考虑到了服务治理的方方面面，其实现了服务之间的高内聚、低耦合，将服务之间的直接依赖转化为服务对服务中心的依赖，是分布式架构的最佳落地方案。

2. 开发技术

　　在开发泄洪安全监测及调控系统时采用当前先进的信息化集成技术，从而充分保障系统的先进性，同时，采用各类开发平台与框架的稳定性版本，在保证先进性的同时，保障系统的稳定性。

1）Spring MVC 框架

　　泄洪安全监测及调控系统采用 Spring MVC 框架来开发。Spring MVC 框架是一种基于 Java 的实现了 Web MVC 设计模式的请求驱动类型的轻量级 Web 框架，它使用了 MVC 架构模式的思想，对 Web 层进行解耦，分离了控制器、模型对象、过滤器及处理程序对象的角色，基于请求驱动，使用请求-响应模型，达到简化开发、提高开发效率的目的。Spring MVC 框架原理示意图如图 6.11 所示。

2）Microsoft SQL Server 数据库

　　泄洪安全监测及调控系统采用 Microsoft SQL Server 数据库，具体为 2017 版本。Microsoft SQL Server 2017 具有以下特点。

　　（1）跨语言和平台：可以在 Windows、Linux 等容器上构建现代应用程序。

　　（2）业界领先的性能：具有突破性的可扩展性、性能和可用性。

　　（3）漏洞最少的数据：利用 NIST 漏洞数据库中过去 7 年内最不容易遭受攻击的数据库保存静态和动态数据。

　　（4）实时智能：具有高达每秒 1 000 000 次预测的实时分析速度。

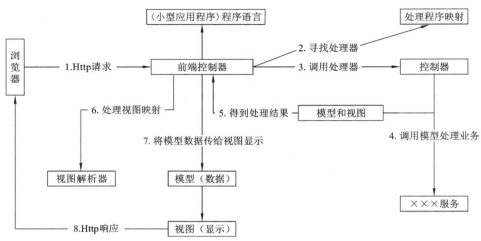

图 6.11　Spring MVC 框架原理示意图

　　泄洪安全监测及调控系统主要采用 Java 语言（J2EE 平台）进行开发，Java 与 Microsoft SQL Server 数据库通过原生 Java 数据库连接（Java DataBase Connectivity，JDBC）驱动链接，因此，系统在开发平台和数据库平台之间不存在兼容性问题，实现了无缝集成，这为构建稳定、可靠的泄洪安全监测及调控系统提供了很好的平台支撑。

　　3. 功能结构

　　泄洪安全监测及调控系统主要划分为仪器管理、数据管理、闸门监控、视频监控、安全评估、工程管理等功能模块。

1）仪器管理

　　仪器管理主要实现强震仪、脉动压力传感器、流速传感器、振动传感器、雨量计等各类仪器信息、布置图、埋设位置的管理，包括强震仪、脉动压力、水流流速、结构及地表振动、泄洪雾化、典型测点等子模块。仪器管理页面见图 6.12。

图 6.12　仪器管理页面

2）数据管理

数据管理模块可实现各类数据的管理。用户可根据各数据仪器编号等查询数据信息，数据信息以过程线图和数据表的形式展示。消力池底板振动位移、雾化降雨数据管理页面如图 6.13、图 6.14 所示。

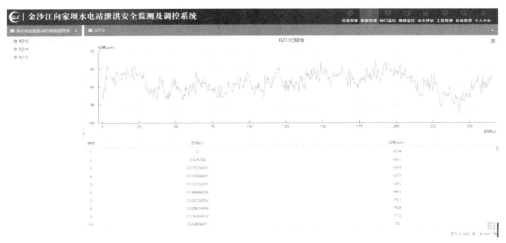

图 6.13　消力池底板振动位移数据管理页面

图 6.14　雾化降雨数据管理页面

3）闸门监控

闸门监控模块可对闸门监控信息进行展示，并根据闸门调控指令对闸门启闭进行调控。

4）视频监控

视频监控模块可接入现场各关键部位的视频设备，管理页面举例如图 6.15 所示。

图 6.15　视频监控 2：表孔闸门

5）安全评估

安全评估模块可根据采集的各项监测信息，通过建立的枢纽泄洪运行安全评估模型，获得枢纽泄洪运行状态信息，为枢纽泄洪运行提供指导。

6）工程管理

工程管理模块可对工程基本信息、图片信息、特性信息等工程信息进行管理。

第 7 章

调控技术在向家坝水电站中的应用

　　针对向家坝水电站，通过理论分析、模型试验、原型观测、数据反馈与分析，并结合枢纽调控，对泄洪闸门调度方式进行深入研究，提出能确保泄洪安全，可减轻泄洪场地振动，满足下游通航非恒定流要求的枢纽实时调控技术。

7.1 模型试验成果

7.1.1 闸门调度模型试验

向家坝水电站基于泄洪安全的闸门调度模型试验是在避免消力池内出现影响建筑物安全的不良流态（如避免消力池一侧或中间形成大范围、高强度的平面回流，或者出现主流直接冲击尾坎和导墙等的现象）的基础上进行的。闸门调度的基本原则是先开表孔后开中孔，且闸门对称开启运行，表孔可以局部开启，中孔要求全开度运行。下闸蓄水初期，水库运行水位在 354 m 左右时，由中孔单独运行，而该水位下中孔单孔全开的泄量达 1 525 m³/s，为满足下游通航对水位变幅的要求，最终采取中孔局部开启的运行方式。

据此，向家坝水电站闸门调度试验对 380 m、370 m 和 354 m 三种库水位，表孔单独运行、中孔单独运行和表中孔联合运行三种运行方式进行了详细研究。其中，下闸蓄水初期，水库运行水位 354 m 的研究成果如下。

（1）中孔局部开启运行时，在闸门开度 7 m 以下，上游未见漩涡。

（2）中孔全开泄流适宜的开启方式为单池 3 孔（①③⑤中孔或⑥⑧⑩中孔）、左右池各 3 孔（①③⑤⑥⑧⑩中孔）、左右池各 4 孔（①②④⑤⑥⑦⑨⑩中孔）、左池 5 孔右池 4 孔（①②③④⑤⑥⑦⑨⑩中孔）及 10 孔全开。中孔全开运行适宜的闸门开启方式见表 7.1。

表 7.1　库水位为 354 m 时中孔全开运行适宜的闸门开启方式表

类型	闸门开启方式
单池	①③⑤中孔或⑥⑧⑩中孔
双池	①③⑤⑥⑧⑩中孔
	①②④⑤⑥⑦⑨⑩中孔
	①②③④⑤⑥⑦⑨⑩中孔
	①~⑩中孔

（3）中孔闸门局部开启，闸门铅垂向开度为 3 m 时，单池对称开启 1~5 孔均可；双池开启，左右池各对称开启 3 孔、左池 5 孔右池 3 孔、左池 5 孔右池 4 孔及 10 孔全开均可。闸门铅垂向开度为 6.72 m 时，单池开启 3 孔、4 孔、5 孔均可；双池开启，左右池各 3 孔、左右池各 4 孔、左池 5 孔右池 3 孔、左池 5 孔右池 4 孔及 10 孔全开均可。5 孔均匀开启，闸门开度不宜大于 6.72 m（铅垂向开度），否则消力池内存在范围较大的回流，流态不理想。单池 3 孔全开，其余 2 孔局部开启的闸门开度在 3 m 以上；单池两边孔全开，其余 3 孔局部开启的闸门开度以 6~8 m 为宜。中孔局部开启运行适宜的闸门开启方式及其闸门开度见表 7.2。

表 7.2　库水位为 354 m 时中孔局部开启运行适宜的闸门开启方式及其闸门开度表

	闸门开启方式	局部开启闸门的开度/m
单池	③中孔或⑧中孔	≤3.00
	②④中孔、⑦⑨中孔、①⑤中孔、⑥⑩中孔	≤3.00
	①③⑤中孔或⑥⑧⑩中孔	各开度
	①②④⑤中孔或⑥⑦⑨⑩中孔	≤6.72
	①~⑤中孔或⑥~⑩中孔	≤6.72
	①③⑤中孔全开+②④中孔局部开启或⑥⑧⑩中孔全开+⑦⑨中孔局部开启	>3.00
	①⑤中孔全开+②③④中孔局部开启或⑥⑩中孔全开+⑦⑧⑨中孔局部开启	6.72~8.30
双池	①③⑤⑥⑧⑩中孔	
	①②④⑤⑥⑦⑨⑩中孔	
	①②③④⑤⑥⑦⑨⑩中孔	各开度
	①~⑩中孔	
	①②③④⑤⑥⑧⑩中孔	≤6.72

（4）下游河床冲刷轻微。

（5）水电站下游两岸流速和水面波动均不大，实测左岸最大流速 2.21 m/s 发生在 6 个中孔（①③⑤⑥⑧⑩中孔）全开工况；右岸最大流速 3.25 m/s 发生在 8 个中孔（①②④⑤⑥⑦⑨⑩中孔）全开工况。左岸最大水面波动幅值为 1.9 m，右岸最大水面波动幅值为 4.2 m，发生在 9 个中孔（①②④⑤⑥⑦⑧⑨⑩中孔）全开工况。

（6）下泄相同流量，两池均衡下泄水力学指标比单池集中下泄优越。

根据上述试验成果，兼顾通航和发电，在拟定闸门运行方式时，遵循先左池后右池、双池尽量均衡泄水、闸门对称开启的原则。

向家坝水电站于 2012 年 10 月 10 日下闸蓄水，10 月 11 日 19 时完成导流底孔的下闸封堵，同时开启中孔泄水，10 月 17 日水库蓄至 353 m 水位，完成了初期蓄水过程。在此期间，中孔在低水位下局部开启运行，按照事先初拟的单纯基于泄洪安全的闸门调度方式进行调度。

闸门调度遵循先左池后右池、双池尽量均衡泄水、闸门对称开启的原则，并根据闸门调度试验成果初拟的闸门调度方式进行调度。原型观测资料表明，闸门调度方式是可行的，泄洪是安全的。但因为水电站距离下游县城较近，场地振动造成了一定的影响。

7.1.2　振动特性研究

2012 年，下游县城局部区域出现振动现象后，水电站建设单位立即委托南京水利科学研究院、长江水利委员会长江科学院在第一时间开展了现场监测，随后中南院作为牵头单位又联合多家科研单位协助开展监测、检测、模型试验、数值分析工作，以及减隔振措施的研究与实施。

1. 诱发场地振动的原因、传播途径

通过理论分析、物理模型试验、三维有限元数值模拟等手段，初步查明了诱发场地振动的原因（振源），为大坝泄水。向家坝水电站泄洪时，下泄高速水流进入消力池后与池内水体通过剪切、卷吸、紊动等方式消耗能量，水流紊动引起振动，通过地基传播至下游县城。另外，部分门窗的振动也可能与气压脉动有一定的关系。

振动主要通过地基传播。一般地，随着传播距离的增大，振动加速度峰值逐渐减小。向家坝水电站具有一些特殊性：一方面，向家坝水电站距离下游县城较近，振动衰减较少；另一方面，向家坝水电站与下游县城间的局部地质条件有利于振动传播，其古河道覆盖层深厚，对振动有放大作用。这也是向家坝水电站泄洪使下游县城局部区域的振动较明显的原因之一。

2. 振动响应特性

1）振动与闸门调度及泄流流态的关系

中南院联合天津大学，通过水弹性模型，研究了不同水位、流量级、闸门开启组合方式（中孔单独运行、表孔单独运行、表中孔联合运行）、孔口开度等运行条件下的振动规律，研究了模型大坝和消力池基础的振动响应，对泄洪消能机理与振动规律进行了总结，主要成果如下。

（1）在不同上游水位条件下，中孔局部开启均存在不利运行区。中孔不利开度范围为 5～7 m，当中孔开度为 6 m 左右时，各测点的脉动压力较大，上游坝踵基础和坝体基础的竖向振动加速度明显增大，下游场地的竖向振动加速度也增大，因此在调度运行过程中，应该避开此不利运行区。

（2）表孔运行时，在小开度情况下，振动随开度增加增长得较快，在大开度及接近全开情况下，振动随开度增加增长得较慢。随着表孔下泄流量的逐步增大，消力池基础及下游场地的竖向振动加速度整体增大。

（3）不同上游水位条件下，与表孔单独泄洪工况相比，表中孔联合泄洪工况可以有效地减小振动。表中孔联合泄洪，中孔开至 2 m 左右时，振动均最小。不同上游水位，表中孔联合泄洪时，表孔全开条件下，中孔局部开启同样存在不利运行区，中孔开至 6 m 左右时，上游坝踵基础的竖向振动加速度的均方根出现峰值。

（4）关于泄洪闸门调度原则的主要结论和建议：①泄洪振动的大小整体上取决于泄流量的大小。②在相同泄流量条件下，开孔方式对泄洪振动的影响较大，而上游水位的影响较小。③表中孔联合泄流是比较合理的减振调度方式。中孔开启 2～4 m，表中孔联合泄洪调度工况相对于其他工况振动值较小，减振效果较优。④表孔或中孔越均匀对称

开启，越有利于减小振动。

中南院联合南京水利科学研究院，通过 2012 年泄洪工况的反演试验和 2013 年的度汛泄洪调度试验发现，消力池脉动荷载与下游振动幅值具有良好的正相关关系，因此从分析流态和脉动压力特性的角度阐述了泄洪消能与振动的关系。

（1）闸门调度方式影响消力池流态，流态决定消力池水流脉动荷载，脉动荷载与下游场地振动存在良好的正相关激励-响应关系。各种泄洪运行条件下的流态各异，取决于上游水位、流量、闸门开启方式。

（2）消力池脉动压力幅值特性表现如下。

第一，泄量越大，脉动压力越大，宜双池运行以降低单池泄量。

第二，相同水位、泄量下，单宽泄量越大，脉动压力越大，宜尽量多孔泄洪，降低单宽泄量。

第三，中孔泄洪，脉动荷载显著增大，尤其是坝面中隔墙，其脉动荷载也是场地振动一个重要的激励源，表孔泄洪相对有利。

第四，边表孔不泄洪时，导墙的脉动压力有所减小，但消力池流态不稳定，宜尽量开启边表孔运行。

第五，相同泄量、下游水位、开启方式条件下，库水位对动水压力的影响较小，高水位运行略优。

第六，相同库水位、泄量条件下，下游水位对消力池底板、导墙脉动压力的影响较小，对中隔墙脉动压力的影响较大。

第七，消力池在桩号 0+140.00～0+180.00 m 的主消能区脉动压力较大，坝面中隔墙在桩号 0+110.00～0+120.00 m 的水跃区脉动压力较大。

（3）消力池脉动压力频域能量分布特征如下。

射流强剪切及水跃漩滚区脉动能量较高，沿程衰减。

中孔泄洪，主消能区桩号 0+137.00～0+172.00 m 范围内，消力池底板的脉动主频为 2～3 Hz，向下游沿程减小至 1 Hz 以内。

表孔泄洪，射流强剪切及水跃漩滚在 260.00 m 高程以上的主消能区，脉动主频为 2～10 Hz，向下游呈减小趋势。

坝面中隔墙的脉动主频与淹没度有关，表孔侧为 3～10 Hz，中孔侧为 2～4 Hz。

（4）以减小泄水脉动荷载，减轻下游区域振动为目标，总结出基本的泄洪运行调度方式：380 m（库水位）、双池、表孔、多孔。

中南院联合四川大学，通过模型试验，从分析流态和脉动压力特性的角度（幅值和频率特性）阐述泄洪消能机理与振动的关系，与南京水利科学研究院的基本结论一致，但测得的各区域的脉动压力幅值及优势频率范围等不尽相同，并重点强调了需要关注边孔运行对结构物壁面造成的影响。

（1）脉动压力幅值特性如下。

边侧孔口参与泄洪时，边表孔与边侧中孔的差异很明显，边侧中孔泄洪会增加消力池底板和导墙下部的脉动荷载，边表孔泄洪会增加导墙上部的脉动荷载。

中部孔口参与泄洪时，中孔泄洪，中隔墙上的脉动压力最高，而且靠近隔墙底部；表孔泄洪，中隔墙上的脉动压力较高。

为了减小过流壁面的脉动荷载，高速下泄水流应远离底板和导墙。

（2）脉动压力频率特性如下。

坝面中隔墙的优势频率为 0～5 Hz（模型值），消力池导墙的优势频率为 0～4 Hz（模型值），消力池底板的优势频率为 0～3 Hz（模型值）。水流脉动压力的优势频率和主频范围依次减小，各位置上的主频随着流量的增加而增加，随着高程的增加而增加。

（3）脉动压力强度与泄量之间的关系如下。

脉动压力强度与泄量大致呈对数函数关系。

同一流量、闸门开启方式不同时，过流壁面的脉动压力变化很大，过流壁面的脉动荷载有时可以相差数倍。

（4）闸门开启原则如下：第一，泄洪时尽量减小两侧边表（中）孔的泄量；第二，同一消力池泄洪时，以表孔泄量大于中孔泄量为宜；第三，同一泄量，表孔单独泄洪略优于中孔单独泄洪。以上三条原则中第一条优先级最高。

2）各部位脉动荷载对振动的贡献度

天津大学、南京水利科学研究院、四川大学均对脉动荷载对振动的贡献度进行了分析。虽然研究手段大致相同，但各单位对于消力池各部位对振动的贡献度的观点并不完全一致。各单位都认为消力池底板、导墙和坝面中隔墙是影响场地振动的前三大振源，但对于贡献度排名的看法不同。天津大学认为，坝面中隔墙（孔口荷载）为首要振源，其余两者为第二、第三振源，排名因流量及开启方式不同而不确定。南京水利科学研究院也认为，坝面中隔墙脉动是坝基振动的主要贡献者，底板脉动主要贡献消力池基础的竖向振动，导墙脉动主要贡献消力池基础的横河向振动，贡献度均为 70%左右。四川大学则认为，主要振源为消力池底板和消力池导墙的脉动荷载，坝面中隔墙荷载贡献较小。

3）振动响应特性原型观测成果

2013 年，中南院联合北京东方振动和噪声技术研究所，建立了一套覆盖工程枢纽区和下游县城大部分区域的在线振动监测网络系统。首先根据水工模型试验成果初拟泄洪孔口闸门调度方案和原型试验方案，利用在线振动监测网络系统实时监测，获取振动在线监测数据，对监测结果进行反馈分析，总结出了振动响应特性，以便对闸门调度进行动态调整，逐步优化，将向家坝水电站日常调度下下游县城的最大振动加速度峰值控制在 1.5 Gal 以下。

中南院利用 2013～2015 年 3 个汛期的在线振动数据，对枢纽区的振动规律进行了分析，得出了如下结论。

（1）枢纽区测点的振动量随着孔口下泄流量的增大而增大。

（2）在相同流量级下，双池运行较单池运行的振动量小。在单池运行情况下，表中孔联合运行的振动量较表孔单独运行时小。

（3）各运行闸孔的开启相对均匀时，有利于控制场地振动。

（4）振动量随着与主消能区距离的增大而减小，主消能区为主振源。

（5）高程245.00 m及以上测点的各振动分量的最大值多出现在水平向，高程245.00 m以下测点的竖向振动多大于水平向振动。

（6）左岸坝后厂房测点的振动在整个枢纽区测点中最大。

（7）枢纽区测点的振动属于低频振动，主频主要集中在 1 Hz 附近。坝后厂房上游边墙、下游边墙垂直坝轴线方向振动主频偏大，集中分布在 3.8 Hz 附近。

3. 振动的主要控制因素及减振措施

1）振动的主要控制因素

综上，振动的主要控制因素有振源、传播途径和传播介质（地质条件）。

2）减振调度措施

针对振动的主要控制因素，为了减小振动的影响，首先应设法减轻振源的振动影响，其次是切断传播途径。

（1）优化水库调度。优化水库调度包括：利用上游溪洛渡水库和向家坝自身水库的调节库容，通过梯级水库联合调度，削减洪峰，均化向家坝水库下泄流量，减小向家坝水库泄洪流量峰值；研究制订了向家坝水库昼夜分级泄洪调度方案，利用水库调节库容，白天适当加大泄洪流量，晚上相应减小泄洪流量，进一步减小晚上居民休息期间的振动量值。

（2）优化泄水孔口闸门调度。向家坝水电站的泄水孔口由 12 个表孔和 10 个中孔相间布置组成，消力池由中导墙分成对称的左右两池，泄水孔口及开度组合方式繁多，减振优化余地大。通过优化调度，提高消力池水流流态的平稳性，从而减轻泄洪场地振动。

7.2　实时调控技术研究

向家坝水电站位于通航河流上，除了要确保泄洪安全和降低泄洪振动外，还要求河流为非恒定流，水电站不影响下游通航，并尽可能降低泄洪噪声，限制条件多，闸门调度复杂。向家坝水电站泄洪建筑物由 10 个中孔和 12 个表孔组成，原设计考虑中孔运行水头高，维修不方便，不希望其频繁启闭，故要求全开运行，2012 年的闸门调度方案就是在中孔全开运行的前提下提出的，该运行调度方案除了下闸蓄水初期水位低，表孔不能参与泄洪，只能由中孔局部开启运行外，均由表孔先行开启运行。随泄量的增大，逐渐增大表孔闸门的开度。但是水电站运行后，发现下游局部区域场地出现了振动现象，通过深入研究，发现表中孔小开度单独运行或联合运行均较大开度运行振动小，加上2013 年表孔闸门还在陆续安装中，表孔运行调度非常不方便，因此，通过研究决定，放开中孔只能全开运行的限制，改为中孔和表孔均可局部开启运行。

向家坝水电站发现下游场地振动后，研究并实施了多项减振措施，于 2013 年对右岸公安分局门窗进行了改造，对残联大楼进行橡胶支座改造，于 2014 年 6～8 月和 2015 年 1 月对振动较明显的 200 多户门窗进行了改造。在水库优化调度（包括梯级水库联合调度和昼夜分级泄洪调度）的基础上，结合振动特性研究成果，对日常闸门调度方式进行了深入细致的优化研究，以期通过减轻振源振动，达到减轻下游场地振动的目的[34-35]。

7.2.1　投产期（2013 年）度汛闸门调度方案研究

1. 基本条件

1）减振措施实施情况

2013 年门窗改造和橡胶支座改造均未正式实施。

2）2013 年汛期表孔闸门安装进度

7 月，左池②③④表孔正在安装，①⑥表孔由临时挡水门挡水，右池⑦表孔除由临时挡水门挡水外，其余闸门均安装调试完成。8～10 月，除①⑥⑦表孔由临时挡水门挡水外，其余表孔工作闸门均已投用。①⑥⑦表孔临时挡水门在 5.85 m、7.65 m、10.72 m、13.16 m、15.5 m 5 个开度安装了锁定装置。

2. 闸门调度方案制订依据

1）溪洛渡、向家坝两库联调调洪成果

在以下 3 种调洪情况下制订闸门调度方案。

（1）2 年一遇洪水，溪洛渡水库初始水位为 550 m，550～560 m 水位泄洪建筑物控泄，向家坝水库库水位为 370～375 m，相应的向家坝水库最大下泄流量为 12 000 m³/s（泄水孔口流量约为 9 000 m³/s）。

（2）2 年一遇洪水，溪洛渡水库初始水位为 550 m，泄洪建筑物敞泄，向家坝水库库水位为 370～375 m，相应的向家坝水库最大下泄流量为 13 800 m³/s（泄水孔口流量约为 10 600 m³/s）。

（3）5 年一遇洪水，溪洛渡水库初始水位为 550 m，泄洪建筑物敞泄，向家坝水库库水位为 370～380 m，相应的向家坝水库最大下泄流量为 17 200 m³/s（泄水孔口流量约为 14 000 m³/s）。

2）水弹性模型试验成果

中南院委托天津大学进行了 1∶80 的水弹性模型试验。依据模型试验成果，优选各级流量下振动量小的闸门调度方式。水弹性模型试验的主要结论如下。

（1）在合理的调度下，下泄流量较小（4 000 m³/s 以下）时，中孔单独运行与表孔单独运行的振动量相当。

（2）相同泄量时，单池表中孔联合运行比双池表中孔联合运行的振动量小（中孔开度为 2～4 m）。

（3）下泄流量大于 4 000 m³/s 且小于 15 000 m³/s 时，宜采用单池表中孔联合运行的方式；下泄流量大于 15 000 m³/s 时，宜采用双池表中孔联合运行的方式。

（4）下泄大流量（10 000 m³/s 以上）时，380 m 水位运行比 370 m 水位运行振动小，但小流量时，370 m 水位下运行稍优。

（5）中孔开度（2～4 m）振动小，开度在 6 m 及以上振动大。

3）1∶100 水工整体模型试验成果

2013 年，中南院结合闸门安装进度，在水工整体模型上研究了各种闸门运行条件下消力池内的水流流态，避免出现危及建筑物结构安全的水流流态。

试验成果显示：6 个表孔均匀开启，各个开度均可行；380 m 水位运行时，单池中间 4 个表孔均匀开启，开度不得超过 5 m；6 个表孔联合运行，当边表孔全开时，中间各表孔开度不得小于 14 m；6 个表孔联合运行，当中间 4 个表孔全开时，边表孔泄量应不低于邻近孔泄量的 50%。

4）原型观测成果

2013 年汛期，结合水弹性模型试验成果和 1∶100 水工整体模型试验成果，初拟了多个汛期闸门调度方案，并在运行中进行了原型观测，成果表明，边表孔（①⑥⑦表孔）临时挡水门局部开启，运行情况良好，无明显的流激振动现象，有利于汛期闸门的运行调度；相同流量级别下，泄水闸门表中孔联合运行振动较小，双池表中孔联合运行比单池表中孔联合运行振动小。

3. 闸门调度方案

综合上述情况发现，原型观测成果和水弹性模型试验成果不完全相同。水弹性模型试验成果表明：相同泄量时，单池表中孔联合运行比双池表中孔联合运行的振动量小（中孔开度为 2～4 m）；下泄流量大于 4 000 m³/s 且小于 15 000 m³/s 时，宜采用单池表中孔联合运行的方式；下泄流量大于 15 000 m³/s 时，宜采用双池表中孔联合运行的方式。原型观测成果显示，相同流量级别下，泄水闸门表中孔联合运行振动较小，双池表中孔联合运行比单池表中孔联合运行振动小。原型观测和水弹性模型试验成果不吻合之处，以原型观测的成果为准，拟定的 2013 年度汛闸门调度方案如下。

按 2 年一遇洪水，溪洛渡水库初始水位 550 m，泄洪建筑物敞泄，向家坝水库库水位 370～375 m，相应的向家坝水库最大下泄流量 13 800 m³/s（电厂流量按 3 200 m³/s 计，泄水孔口流量约为 10 600 m³/s）制订闸门调度方案：

（1）孔口下泄流量不大于 1 500 m³/s 时，库水位维持在 371 m 附近，单池的 5 个中孔均匀开启单独运行。

（2）孔口下泄流量为 1 500～2 800 m³/s 时，库水位维持在 371 m 附近，右池的 5 个中孔+⑧～⑪表孔均匀开启联合运行，中孔开启高度不大于 2 m，表孔开启高度不大于 3 m。

（3）孔口下泄流量为 2 800～5 000 m³/s 时，维持上游水位在 371 m，采用单池表中孔联合运行方式，即右池 5 个中孔均匀开启且开启高度不大于 3 m，⑦⑫表孔均匀开启 5.85 m，⑧～⑪表孔均匀开启且开启高度不大于 5 m。⑦⑫表孔开启过程中应保持同步，当不能达到一致时，两孔下泄流量之差尽量控制在 20% 以内。

（4）孔口下泄流量为 5 000～10 600 m³/s 时，维持上游水位在 371 m，左右两池联合运行。右池 5 个中孔均匀开启（开度为 2～3 m）+⑦⑫表孔均匀开启 5.85 m+⑧～⑪表孔均匀开启（可开至全开）；左池 5 个中孔均匀开启（开度为 2～3 m）+①⑥表孔均匀开启 5.85 m，开启时先开 5 个中孔，再开①⑥表孔，要求表中孔联合运行，不宜单独开启中孔或表孔。

（5）孔口下泄流量在 10 600 m³/s 以上时，左右两池联合运行。若考虑溪洛渡、向家坝两库联调，采用右池 5 个中孔均匀开启（开度为 3 m）+右池⑦⑫表孔均匀开启 7.65 m+右池⑧～⑪表孔均匀开启（可开至全开）+左池 5 个中孔均匀开启（开度为 2～3 m）+左池①⑥表孔均匀开启 5.85 m 的开启方式，先利用自身库容控泄 10 600 m³/s，库水位逐渐抬升，至库水位 375 m 后，增加泄量使其与来流量相等，保持出入库平衡。孔口最大可下泄 13 094 m³/s，相应的最大出库流量可达 16 294 m³/s。

（6）孔口下泄流量在 10 600 m³/s 以上时，若不考虑溪洛渡、向家坝两库联调，由左右两池联合运行。采用右池 5 个中孔均匀开启（开度为 3 m）+右池⑦⑫表孔均匀开启 7.65 m+右池⑧～⑪表孔全开+左池 5 个中孔均匀开启（开度为 3 m）+左池①⑥表孔均匀开启 5.85 m 的开启方式。当入库流量继续增大时，库水位自然抬升，至库水位 375 m 时，孔口最大可下泄 13 094 m³/s，相应的最大出库流量可达 16 294 m³/s。

4. 调度要求

（1）度汛应按调度方案提供的闸门运行方式进行调度，闸门的开度可根据实际的来流量进行适当调整。

（2）单池内闸门启闭应遵循对称、均匀、分序、分级的要求。对称是指中孔或表孔闸门启闭时，应以单个消力池中心线为轴线对称启闭。均匀有两层意思：一是指对称启闭闸门时应均匀；二是指单池内中孔或表孔闸门开启，最终达到开度均匀。在满足下游非恒定流控制要求，且启闭供电容量许可时，宜所有计划启闭的表孔、中孔或表孔加中孔闸门同时均匀启闭。分序是指按照下游非恒定流控制要求，或受启闭供电容量限制，需分序、分批次启闭闸门，要求按照调度方案规定的顺序启闭闸门，详见表 7.3。分级是指为满足下游非恒定流的控制要求，进行闸门分级启闭，每级操作间隔一定的时间。闸门的关闭顺序与开启顺序相反。

表 7.3　2013 年单池表孔、中孔运行闸门分批次启闭顺序表

开启方式	开启顺序	关闭顺序
2 个表孔	同时开启⑧⑪/②⑤表孔	同时关闭⑧⑪/②⑤表孔
	同时开启⑨⑩/③④表孔	同时关闭⑨⑩/③④表孔
	同时开启⑦⑫/①⑥表孔	同时关闭⑦⑫/①⑥表孔
4 个表孔	⑧⑪/②⑤表孔→⑨⑩/③④表孔	⑨⑩/③④表孔→⑧⑪/②⑤表孔
	⑦⑫/①⑥表孔→⑨⑩/③④表孔	⑨⑩/③④表孔→⑦⑫/①⑥表孔
6 个表孔	⑦⑫/①⑥表孔→⑨⑩/③④表孔→⑧⑪/②⑤表孔	⑧⑪/②⑤表孔→⑨⑩/③④表孔→⑦⑫/①⑥表孔
3 个中孔	同时开启⑥⑧⑩/①③⑤中孔	同时关闭⑥⑧⑩/①③⑤中孔
4 个中孔	⑦⑨/②④中孔→⑥⑩/①⑤中孔	⑥⑩/①⑤中孔→⑦⑨/②④中孔
5 个中孔	⑥⑧⑩/①③⑤中孔→⑦⑨/②④中孔	⑦⑨/②④中孔→⑥⑧⑩/①③⑤中孔

注：①闸门应按表中顺序分级启闭。其中，编号挨在一起的表示要同时启闭。
②当按表中的启闭顺序进行闸门调度时，同时要满足表 7.4 的要求。

（3）①⑥表孔由于用临时平板门挡水，其启闭过程不能满足对称、同步、均匀的要求，但应在启闭一个边表孔后立即启闭另一个边表孔，其启闭过程引起的下泄流量变化，可由右池表孔或中孔闸门同时进行反向调节，以满足下游非恒定流的控制要求。⑦表孔也由临时平板门挡水，启闭⑦表孔时应与启闭⑫表孔保持同步，在启闭过程不能达到同步时，应将两孔下泄流量之差尽量控制在 20%以内。

（4）当单池内的闸门对称开启时，单池内边中孔的下泄流量应尽量大于或等于相邻中孔的下泄流量；单池内表孔对称开启应满足表 7.4 的要求。

表 7.4　2013 年单池表孔对称开启的调度要求表

开孔	闸门开启方式	调度要求
2 孔	②⑤/⑧⑪表孔均匀开启	任意开度均可
4 孔	②⑤/⑧⑪表孔均匀开启，开度较大；③④/⑨⑩表孔均匀开启，开度较小	③④/⑨⑩表孔泄量不可大于②⑤/⑧⑪表孔泄量的 40%（建议越小越好）
	②③④⑤/⑧⑨⑩⑪表孔均匀开启	单孔下泄流量以不大于 500 m³/s 为宜
6 孔	①⑥表孔或⑦⑫表孔均匀开启，开度较小；②③④⑤表孔或⑧⑨⑩⑪表孔均匀开启，开度较大	边表孔单孔的下泄流量应不小于中间表孔单孔下泄流量的 50%～60%，建议取高值
	①⑥/⑦⑫表孔均匀开启，开度较大；②③④⑤/⑧⑨⑩⑪表孔均匀开启，开度较小	当①⑥/⑦⑫单个边表孔的下泄流量小于 1 000 m³/s 时，对中间 4 个表孔的单孔下泄流量无要求（单孔泄量为 0～1 000 m³/s）
		当①⑥/⑦⑫单个边表孔的下泄流量大于 1 000 m³/s 时，中间 4 个表孔单孔下泄流量应为单个边表孔下泄流量的 72%～100%，建议取高值
	①③④⑥/⑦⑨⑩⑫表孔均匀开启，开度较大；②⑤表孔或⑧⑪表孔均匀开启，开度较小	当①③④⑥/⑦⑨⑩⑫表孔的单孔下泄流量小于 1 000 m³/s 时，对其他表孔的下泄流量无要求
		当①③④⑥/⑦⑨⑩⑫表孔的单孔下泄流量大于 1 000 m³/s 时，②⑤/⑧⑪单个表孔的下泄流量不小于其他单个表孔下泄流量的 44%

7.2.2　运行期（2015年）闸门调度方案研究

1. 运行条件

1）减振措施实施情况

残联大楼橡胶支座的施工已完成。

2013年对右岸公安分局办公楼168扇窗户和3樘卷帘门进行了减振改造试验，2014年6~8月、2015年1月又选取了振动较明显的227户，完成了2590扇窗户、2樘卷帘门的加固改造和384樘隔音窗的加装。

因此，2015年汛期，距离大坝约1.0 km、振动较明显的住户的门窗改造已经完成。

2）闸门运行条件

12个表孔的工作闸门已经全部安装完成，12个表孔和10个中孔的闸门都可以自由启闭调度。

原型闸门调度成果表明，消力池内的流态与1:100水工整体模型试验成果相似。总体而言，下游县城房屋、门窗的振动量随孔口下泄流量的增大而增大；闸门的调度方式对振动的影响较大，双池联合泄洪、单池内中表孔小开度且对称均匀开启的运行方式有利于减小孔口泄洪对下游县城房屋、门窗振动的影响。当单池内中表孔均匀开启联合运行，且中孔和表孔的单孔流量不大于500 m³/s时，下游县城的最大振动加速度峰值基本可控制在1.5 Gal以下。

8台机组已全部发电，汛期机组引用流量按6 800 m³/s计，其余时段按6 000 m³/s计。

2. 闸门调度方案编制原则

根据《金沙江向家坝水电站水库运用与电站运行调度规程（试行）》的相关规定，向家坝水电站正常运行期运行调度的主要任务是在确保工程安全的前提下，协调发电、航运、防洪、灌溉等综合利用功能的关系，充分发挥工程综合利用效益。汛期发电调度应服从防洪调度，并兼顾航运调度，满足设计通航条件。当汛期发生大洪水时，在机组允许运行范围内优先通过机组发电泄洪。另外，应尽量减小振动和噪声的影响。

因此，水库调度首先应保证枢纽设施安全，兼顾防洪、发电、航运，减小泄洪振动、噪声的影响，调度优先次序为枢纽设施设备安全、防洪调度、发电调度、航运调度、减振降噪。据此，向家坝水电站泄洪建筑物闸门调度主要遵循以下五项基本原则：确保枢纽建筑物安全、满足下游近坝河段非恒定流的控制要求、控制基础振动、降低孔口泄洪噪声、简化闸门操作程序。

1）确保枢纽建筑物安全

闸门调度应在确保枢纽建筑物安全的基础上进行，消力池内应避免出现影响建筑物安全的不良流态，如避免出现消力池一侧或中间形成大范围、高强度的平面回流或出现主流直接冲击尾坎和导墙等现象。

2）满足下游近坝河段非恒定流的控制要求

向家坝枢纽下游为通航河道，为满足下游航运安全要求，泄洪建筑物闸门调度过程中应对下泄流量的变幅和变率进行控制，使向家坝水电站下游专用站的水位小时变幅控制在 1.0 m 以内（该控制指标符合《金沙江向家坝水电站水库运用与电站运行调度规程（试行）》的规定，若相关主管部门有进一步的要求，则按照审定的修改指标进行控制）。

3）控制基础振动

向家坝水电站泄洪使下游县城局部区域出现了房屋门窗振动现象，监测资料表明，门窗振动来源于泄洪引发的大坝和消力池基础的振动，控制基础振动量能有效减小下游县城房屋门窗的振动。

4）降低孔口泄洪噪声

闸门调度方式应有利于降低泄洪噪声，控制噪声对环境的影响。

5）简化闸门操作程序

合理利用单池内中孔、表孔，使之均匀开启联合泄洪，简化闸门操作程序，减少闸门的启闭次数。

3. 闸门调度方案

1）5 年一遇及以下洪水的闸门开启组合方式

7～9 月上旬，水库按防洪限制水位 370 m 控制运行，实时调度中库水位一般情况下在 370～372.5 m 范围内变动；9 月中旬～10 月，库水位为 380 m。

闸门开启组合：先单池表孔投入运行，当单池内 6 个表孔全部开启时再开启同消力池内的中孔，然后按先表孔后中孔的顺序让另一消力池运行。本开启组合也可以先开启中孔，调整开启顺序为中孔、表孔、中孔、表孔，但考虑到表孔的挡水水头低，操作方便，运行可靠，推荐先开表孔，见表 7.5 和表 7.6。

表 7.5　库水位为 371.5 m 时 5 年一遇及以下洪水的闸门开启组合

序号	出库流量/（m³/s）	孔口下泄流量/（m³/s）	闸门开启组合
1	≤8 300	≤1 500	单池表孔运行，单个表孔的开度为 1.5～3 m
2	8 300～11 300（含）	1 500～4 500（含）	单池表孔+中孔均匀开启联合运行，单个表孔的开度不大于 5 m，单个中孔的开度不大于 3 m
3	11 300～12 900（含）	4 500～6 100（含）	12 个表孔+单池 5 个中孔均匀开启联合运行，单个表孔的开度不大于 5 m，单个中孔的开度不大于 3 m
4	12 900～15 800（含）	6 100～9 000（含）	12 个表孔+10 个中孔均匀开启联合运行，单个表孔的开度不大于 5 m，单个中孔的开度不大于 3 m
5	15 800～17 300（含）	9 000～10 500（含）	12 个表孔+10 个中孔联合运行，单个表孔的开度不大于 5.9 m，单个中孔的开度不大于 3.5 m
6	17 300～21 800（含）	10 500～15 000（含）	12 个表孔+10 个中孔均匀开启联合运行，单个表孔的开度不大于 3.5 m，表孔的开度逐渐加大

注：考虑 8 台机组发电，每台机组的引用流量为 850 m³/s。

表 7.6　库水位为 380 m 时 5 年一遇及以下洪水的闸门开启组合

序号	出库流量/（m³/s）	孔口下泄流量/（m³/s）	闸门开启组合
1	≤7 500	≤1 500	单池表孔运行，单个表孔的开度为 1.5～2.5 m
2	7 500～10 400（含）	1 500～4 400（含）	单池表孔+中孔均匀开启联合运行，单个表孔的开度不大于 3.5 m，单个中孔的开度不大于 3 m
3	10 400～11 800（含）	4 400～5 800（含）	12 表孔+单池 5 个中孔均匀开启联合运行，单个表孔的开度不大于 3.5 m，单个中孔的开度不大于 3 m
4	11 800～14 800（含）	5 800～8 800（含）	12 个表孔+10 个中孔均匀开启联合运行，单个表孔的开度不大于 3.5 m，单个中孔的开度不大于 3 m
5	14 800～16 500（含）	8 800～10 500（含）	12 个表孔+10 个中孔联合运行，单个表孔的开度不大于 4.5 m，单个中孔的开度不大于 3.5 m
6	16 500～21 800（含）	10 500～15 800（含）	12 个表孔+10 个中孔均匀开启联合运行，单个中孔的开度不大于 3.5 m，表孔的开度逐渐加大

注：考虑 8 台机组发电，每台机组的引用流量为 750 m³/s。

2）5 年一遇以上洪水的闸门开启组合方式

5 年一遇以上洪水条件下，闸门调度首先考虑的是枢纽建筑物安全，双池 12 个表孔+10 个中孔闸门开启联合泄洪，中孔开度在 4 m 左右，根据洪水量级加大表孔开度，中孔开度视需要加大。

4. 调度方案

汛期防洪限制水位 370 m（实际调度中库水位可在 370～372.5 m 变动）下的 5 年一遇及以下洪水闸门调度方案是在考虑溪洛渡、向家坝两库均不调蓄的条件下制订的，当考虑利用向家坝水库库容进行调蓄或利用溪洛渡、向家坝两库的库容进行调蓄时，根据调蓄方案的向家坝水库孔口下泄流量、不同水位孔口泄量计算式，并结合本调度方案进行控泄调度即可。

在本调度方案下，5 年一遇及以下洪水时，考虑降噪要求，各开启组合推荐左池先开。在调度运行过程中，根据原型观测成果、闸门运用条件等现场实际情况，灵活使用或调整闸门调度方案。

当遭遇 5 年一遇以上洪水且在防洪限制水位 370 m 附近运行时，拟定以下两种调度方案。

（1）提前利用库容方案：当可以利用向家坝水库库容时，在 10 个中孔全部启用但闸门尚未全开之前，抬升库水位以增大表孔的下泄流量，库水位达到 377.5 m 后，再把中孔闸门开度调至全开，此调度方式有利于在更大的流量范围内降低消力池的临底流速和底板冲击压力。

（2）不利用库容方案：当向家坝水库库容不能提前利用时，只能在全部闸孔的闸门全开之后，自然抬升库水位。

各方案下，为使消力池内流态更加平稳，减轻边表孔主流对消力池导墙的磨蚀，当表孔开度大于 4 m 时，可适当减小边表孔的开度。

根据设计条件，当遭遇大于 500 年一遇的洪水时，水电站不再发电，因此当总出库流量大于 41 200 m³/s 时，方案不再考虑发电机组的引用流量。

5. 调度要求

（1）度汛应按调度方案进行调度，优先选用推荐方案；闸门开度可根据实际来流适当调整。在度汛调度过程中，可根据实际运行情况对调度方案进行修订。

（2）当实际可调度的闸门发生改变，单池内不能满足 6 个表孔均匀开启要求时，可根据实际情况重新拟定闸门调度方式，但应满足表 7.7 的要求。

表 7.7　2015 年单池表孔对称开启的调度要求表

开孔数	闸门开启方式	调度要求
2 孔	①⑥表孔或⑦⑫表孔均匀开启	单孔下泄流量不大于 1 000 m³/s
	②⑤/⑧⑪表孔均匀开启	任意开度均可（根据 2013 年原型的运行情况，建议单孔泄量小于 1 500 m³/s）
4 孔	②⑤/⑧⑫表孔均匀开启，开度较大；③④/⑨⑩表孔均匀开启，开度较小	③④/⑨⑩表孔泄量不可大于②⑤/⑧⑪表孔泄量的 40%（建议越小越好）
	②③④⑤/⑧⑨⑩⑪表孔均匀开启	单孔下泄流量以不大于 500 m³/s 为宜
6 孔	①⑥表孔或⑦⑫表孔均匀开启，开度较小；②③④⑤表孔或⑧⑨⑩⑪表孔均匀开启，开度较大	边表孔单孔的下泄流量应不小于中间表孔单孔下泄流量的 50%～60%，建议取高值。中间 4 个表孔单孔下泄流量小于 1 000 m³/s 时，可适当减小边表孔的配合流量
	①⑥/⑦⑫表孔均匀开启，开度较大；②③④⑤/⑧⑨⑩⑪表孔均匀开启，开度较小	当①⑥/⑦⑫单个边表孔的下泄流量小于 1 000 m³/s 时，对中间 4 个表孔的单孔下泄流量无要求（单孔泄量为 0～1 000 m³/s）
		当①⑥/⑦⑫单个边表孔的下泄流量不小于 1 000 m³/s 时，中间 4 个表孔的单孔下泄流量应为单个边表孔下泄流量的 72%～100%，建议取高值
	①③④⑥表孔或⑦⑨⑩⑫表孔均匀开启，开度较大；②⑤表孔或⑧⑪表孔均匀开启，开度较小	当①③④⑥/⑦⑨⑩⑫表孔的单孔下泄流量小于 1 000 m³/s 时，对其他表孔的下泄流量无要求
		当①③④⑥/⑦⑨⑩⑫表孔的单孔下泄流量不小于 1 000 m³/s 时，②⑤/⑧⑪单个表孔的下泄流量应不小于其他单个表孔下泄流量的 44%

（3）根据 2013 年、2014 年汛期原型闸门调度与振动关系的监测成果，为减轻孔口泄洪引起的振动的影响，建议在孔口下泄流量不大于 10 500 m³/s 时，单个中孔和表孔的

下泄流量不大于 500 m³/s（单个孔口下泄流量为 500 m³/s 时对应的开度：库水位为 371.5 m 时，中孔开度为 3.88 m，表孔开度为 5.94 m；库水位为 380 m 时，中孔开度为 3.66 m，表孔开度为 4.62 m）。

（4）单池内闸门启闭应遵循对称、均匀、分序、分级的要求，详见 7.2.1 小节第 4 部分调度要求第（2）条，具体见表 7.8。

表 7.8　2015 年单池表孔、中孔运行闸门分批次启闭顺序表

开启方式	开启顺序	关闭顺序
2 个表孔	同时开启⑧⑪/②⑤表孔	同时关闭⑧⑪/②⑤表孔
	同时开启⑨⑩/③④表孔	同时关闭⑨⑩/③④表孔
	同时开启⑦⑫/①⑥表孔	同时关闭⑦⑫/①⑥表孔
4 个表孔	⑧⑪/②⑤表孔→⑨⑩/③④表孔	⑨⑩/③④表孔→⑧⑪/②⑤表孔
	⑦⑫/①⑥表孔→⑨⑩/③④表孔	⑨⑩/③④表孔→⑦⑫/①⑥表孔
6 个表孔	⑦⑫/①⑥表孔→⑨⑩/③④表孔→⑧⑪/②⑤表孔	⑧⑪/②⑤表孔→⑨⑩/③④表孔→⑦⑫/①⑥表孔
3 个中孔	同时开启⑥⑧⑩/①③⑤中孔	同时关闭⑥⑧⑩/①③⑤中孔
4 个中孔	⑦⑨/②④中孔→⑥⑩/①⑤中孔	⑥⑩/①⑤中孔→⑦⑨/②④中孔
5 个中孔	⑥⑧⑩/①③⑤中孔→⑦⑨/②④中孔	⑦⑨/②④中孔→⑥⑧⑩/①③⑤中孔

注：①闸门应按表中顺序分级启闭。其中，编号挨在一起的表示要同时启闭。
②当闸门开启能避开闸门强振区、满足下游非恒定流的要求时，建议表孔同时均匀启闭。
③当按表中的启闭顺序进行闸门调度时，同时要满足表 7.7 的要求。

（5）当单池内的闸门对称开启（对称的中孔或表孔闸门均匀开启）时，单池内边中孔的下泄流量应尽量大于或等于相邻中孔的下泄流量；单池内表孔对称开启应满足表 7.7 的要求。

7.2.3　运行期闸门调度方案优化

1. 运行期闸门调度方案优化试验成果

2013～2015 年运行实践证明，通过闸门调度方案优化，可以有效地减小振动，基本能将振动控制在 1.5 Gal 以下。于是，2016 年和 2017 年继续沿用 2015 年的闸门调度方式。

由 2016 年监测成果发现，距离大坝约 1.0 km 的民居 7 楼的最大振动出现在左池 6 个表孔均匀开启 5 m+右池⑧⑪表孔均匀开启 2 m+左池 5 个中孔均匀开启 3 m 运行工况，总出库流量为 11 875 m³/s，泄洪孔口下泄流量为 5 635 m³/s，库水位为 378.42 m，距离

大坝约 1.0 km 的民居 7 楼的振动加速度峰值为 1.544 Gal，略大于一般人群感知阈值 1.5 Gal。

无独有偶，2018 年汛期泄洪期间，在线监测又发现类似运行工况下，下游县城距离大坝约 1.0 km 的民居 7 楼部分时段的振动加速度峰值大于 1.50 Gal。当库水位为 372 m 左右，孔口流量为 4 700～5 100 m³/s，由单池泄洪转向双池泄洪，即左池开启方式不变（①～⑥表孔均匀开启 5 m+①～⑤中孔均匀开启 3 m），右池⑧⑪表孔均匀开启 2 m 时，振动较大，其中，2018 年 7 月 19 日，下泄流量为 5 027 m³/s、库水位为 372.59 m 时，振动加速度峰值为 1.620 Gal。同时发现，如果转换过程中，减小左池的闸门开度，增加右池的开启孔数，即均衡两池的下泄流量，可减小下游县城的振动，12 个表孔均匀开启 2.5 m、左池 5 个中孔均匀开启 2 m、右池 5 个中孔均匀开启 1 m 时，最大振动加速度仅为 0.792 Gal。

孔口下泄流量为 4 700～5 100 m³/s、不同闸门开启方式下，距离大坝约 1.0 km 的民居 7 楼部分时段的振动加速度统计见表 7.9。

表 7.9　2018 年汛期距离大坝约 1.0 km 的民居 7 楼部分时段的振动加速度统计表

泄量区间 / (m³/s)	闸门开启方式	振动加速度 最大值/Gal
4 700～5 100	左池 6 个表孔均匀开启 5 m+左池 5 个中孔均匀开启 3 m+右池⑧⑪表孔均匀开启 2 m	1.620
4 863～5 013	左池 6 个表孔均匀开启 4 m+左池 5 个中孔均匀开启 3 m+右池 4 个表孔均匀开启 2 m	1.250
4 850～5 060	左池 6 个表孔均匀开启 4 m+左池 5 个中孔均匀开启 3 m+右池⑧⑪表孔均匀开启 2 m	1.378
5 080～5 098	左池 6 个表孔均匀开启 3.5 m+右池 6 个表孔均匀开启 2 m+左池 5 个中孔均匀开启 3m	0.986
4 705～4 725	左池 6 个表孔均匀开启 3 m+右池 6 个表孔均匀开启 2 m+左池 5 个中孔均匀开启 2 m +右池 3 个中孔对称均匀开启 1 m	0.888
4 720～5 092	12 个表孔均匀开启 2.5 m+左池 5 个中孔均匀开启 2 m+右池 5 个中孔均匀开启 1 m	0.792

根据上述情况，对 5 年一遇及以下洪水的泄洪孔口闸门调度方式进行了进一步的调整，将双池泄洪的起始流量降至 4 000 m³/s 左右，由单池泄洪转向双池泄洪时，增加另一消力池的开启孔数。在调度过程中，为保证通航的下游水位变幅满足每小时不大于 1.00 m 的要求，可通过闸孔分批启闭的方式使下游水位变幅满足要求，具体调度方案如下。

7～9 月上旬，水库按防洪限制水位 370 m 控制运行，实际调度中库水位一般情况下在 370～372.5 m 范围内变动；其他时段，库水位为 380 m。蓄水和腾库时段，根据实时库水位和相应泄量，参照上述运行方式进行调度。汛期闸门调度方案的最大出库流量按校核洪水计，机组引用流量按 6 800 m³/s 计，库水位 380 m 时按 6 000 m³/s 计。

在 5 年一遇及以下洪水条件下，针对两个调度时段的运行条件，按孔口开启批次、开启顺序和开启孔数，结合减振、降噪调度要求，分流量级拟定闸门开启组合。库水位为 371.5 m 时的闸门开启组合见表 7.10，库水位为 380 m 时的闸门开启组合见表 7.11。

表 7.10　库水位为 371.5 m 时的闸门开启组合

序号	出库流量/（m³/s）	孔口下泄流量/（m³/s）	闸门开启组合
1	≤8 300	≤1 500	单池表孔运行，单个表孔的开度为 1.5～3 m
2	8 300～10 800（含）	1 500～4 000（含）	单池表孔+中孔均匀开启联合运行，单个表孔的开度不大于 5 m，单个中孔的开度不大于 3 m
3	10 800～12 900（含）	4 000～6 100（含）	12 个表孔+单池 5 个中孔均匀开启联合运行，单个表孔的开度不大于 5 m，单个中孔的开度不大于 3 m
4	12 900～15 800（含）	6 100～9 000（含）	12 个表孔+10 个中孔均匀开启联合运行，单个表孔的开度不大于 5 m，单个中孔的开度不大于 3 m
5	15 800～17 300（含）	9 000～10 500（含）	12 个表孔+10 个中孔联合运行，单个表孔的开度不大于 5.9 m，单个中孔的开度不大于 3.5 m
6	17 300～21 800（含）	10 500～15 000（含）	12 个表孔+10 个中孔均匀开启联合运行，单个中孔的开度不大于 3.5 m，表孔的开度逐渐增大

注：考虑 8 台机组发电，每台机组的引用流量为 850 m³/s。

表 7.11　库水位为 380 m 时的闸门开启组合

序号	出库流量/（m³/s）	孔口下泄流量/（m³/s）	闸门开启组合
1	≤7 500	≤1 500	单池表孔运行，单个表孔的开度为 1.5～2.5 m
2	7 500～10 000（含）	1 500～4 000（含）	单池表孔+中孔均匀开启联合运行，单个表孔的开度不大于 3.5 m，单个中孔的开度不大于 3 m
3	10 000～11 800（含）	4 000～5 800（含）	12 个表孔+单池 5 个中孔均匀开启联合运行，单个表孔的开度不大于 3.5 m，单个中孔的开度不大于 3 m
4	11 800～14 800（含）	5 800～8 800（含）	12 个表孔+10 个中孔均匀开启联合运行，单个表孔的开度不大于 3.5 m，单个中孔的开度不大于 3 m
5	14 800～16 500（含）	8 800～10 500（含）	12 个表孔+10 个中孔联合运行，单个表孔的开度不大于 4.5 m，单个中孔的开度不大于 3.5 m
6	16 500～21 800（含）	10 500～15 800（含）	12 个表孔+10 个中孔均匀开启联合运行，单个中孔的开度不大于 3.5 m，表孔的开度逐渐增大

注：考虑 8 台机组发电，每台机组的引用流量为 750 m³/s。

闸门开启组合说明：先单池表孔投入运行，当单池内 6 个表孔全部开启时，再开启同消力池内的中孔，然后按先表孔后中孔的顺序让另一消力池运行。

各闸门开启组合下，当孔口下泄流量不大于 10 500 m³/s 时，单个中孔和表孔的下泄流量不大于 500 m³/s（库水位为 371.5 m 时，中孔开度为 3.88 m，表孔开度为 5.94 m；库水位为 380 m 时，中孔开度为 3.66 m，表孔开度为 4.62 m）；当孔口下泄流量大于 10 500 m³/s 时，保持单个中孔的下泄流量不大于 500 m³/s，均匀加大表孔开度以增大下泄流量。

5 年一遇以上洪水的闸门调度方式不变。

2. 调度方案说明

汛期 5 年一遇及以下洪水闸门调度方案未考虑溪洛渡、向家坝两库的调蓄作用，即实际调度中库水位一般在 370～372.5 m 范围内变动。若要考虑水库调蓄，则按调蓄后实际孔口下泄流量进行调度。

5 年一遇及以下洪水时，考虑下游引航道通航、减振和降噪要求，推荐左池先开。在调度运行过程中，可根据原型观测成果、闸门运用条件等现场实际情况灵活使用或调整闸门调度方案。

当遭遇 5 年一遇及以下洪水且孔口泄量相同时，水库蓄水和腾出库容过程中，在单孔流量满足减振要求，即孔口下泄流量不大于 10 500 m³/s，单个中孔和表孔的下泄流量不大于 500 m³/s 的条件下，只需在当前闸门开启组合下，根据库水位和目标弃水流量确定孔口开度即可。

各方案下，为使消力池内流态平稳，减轻边表孔主流对消力池导墙的磨蚀，当表孔开度大于 4 m 时，边表孔的开度可适当小于中间表孔的开度。

根据设计条件，当总出库流量大于 500 年一遇洪水（流量为 41 200 m³/s）时，不再考虑发电机组的引用流量。

3. 调度要求

（1）度汛应按调度方案进行调度，闸门开度可根据实际来流适当调整。

（2）当实际可调度的闸门发生改变，单池内不能满足 6 个表孔均匀开启要求时，可根据实际情况重新拟定闸门调度方式，但应满足表 7.12 的要求。

表 7.12　运行期优化单池表孔对称开启的调度要求表

开孔数	闸门开启方式	调度要求
2 孔	①⑥/⑦⑫表孔均匀开启	单孔下泄流量不大于 1 000 m³/s
	②⑤/⑧⑪表孔均匀开启	任意开度均可（建议单孔泄量小于 1 500 m³/s）
4 孔	②⑤/⑧⑪表孔均匀开启，开度较大；③④/⑨⑩表孔均匀开启，开度较小	③④/⑨⑩表孔泄量不可大于②⑤/⑧⑪表孔泄量的 40%（建议越小越好）
	②③④⑤/⑧⑨⑩⑪表孔均匀开启	单孔下泄流量以不大于 500 m³/s 为宜
6 孔	①⑥表孔或⑦⑫表孔均匀开启，开度较小；②③④⑤表孔或⑧⑨⑩⑪表孔均匀开启，开度较大	边表孔单孔的下泄流量应不小于中间表孔单孔下泄流量的 50%～60%，建议取高值。中间 4 个表孔单孔下泄流量小于 1 000 m³/s 时，可适当减小边表孔的配合流量

续表

开孔数	闸门开启方式	调度要求
6孔	①⑥/⑦⑫表孔均匀开启，开度较大；②③④⑤/⑧⑨⑩⑪表孔均匀开启，开度较小	当①⑥/⑦⑫单个边表孔的下泄流量小于 1 000 m³/s 时，对中间 4 个表孔的单孔下泄流量无要求（单孔泄量为 0～1 000 m³/s）
		当①⑥/⑦⑫单个边表孔的下泄流量不小于 1 000 m³/s 时，中间 4 个表孔的单孔下泄流量应为单个边表孔下泄流量的 72%～100%，建议取高值
	①③④⑥表孔或⑦⑨⑩⑫表孔均匀开启，开度较大；②⑤表孔或⑧⑪表孔均匀开启，开度较小	当①③④⑥/⑦⑨⑩⑫表孔的单孔下泄流量小于 1 000 m³/s 时，其他表孔的下泄流量无要求
		当①③④⑥/⑦⑨⑩⑫表孔的单孔下泄流量不小于 1 000 m³/s 时，②⑤/⑧⑪单个表孔的下泄流量应不小于其他单个表孔下泄流量的 44%

（3）根据 2013 年、2014 年汛期原型闸门调度与振动关系的监测成果，为减轻孔口泄洪引起的振动的影响，建议在孔口下泄流量不大于 10 500 m³/s 时，单个中孔和表孔的下泄流量不大于 500 m³/s（单个孔口下泄流量为 500 m³/s 时对应的开度：库水位为 371.5 m 时，中孔开度为 3.88 m，表孔开度为 5.94 m；库水位为 380 m 时，中孔开度为 3.66 m，表孔开度为 4.62 m）。

（4）单池内闸门启闭应遵循对称、均匀、分序、分级的要求，详见 7.2.1 小节第 4 部分调度要求第（2）条，具体见表 7.13。

表 7.13　运行期优化单池表孔、中孔运行闸门分批次启闭顺序表

开启方式	开启顺序	关闭顺序
2 个表孔	同时开启⑧⑪/②⑤表孔	同时关闭⑧⑪/②⑤表孔
	同时开启⑨⑩/③④表孔	同时关闭⑨⑩/③④表孔
	同时开启⑦⑫/①⑥表孔	同时关闭⑦⑫/①⑥表孔
4 个表孔	⑧⑪/②⑤表孔→⑨⑩/③④表孔	⑨⑩/③④表孔→⑧⑪/②⑤表孔
	⑦⑫/①⑥表孔→⑨⑩/③④表孔	⑨⑩/③④表孔→⑦⑫/①⑥表孔
6 个表孔	⑦⑫/①⑥表孔→⑨⑩/③④表孔→⑧⑪/②⑤表孔	⑧⑪/②⑤表孔→⑨⑩/③④表孔→⑦⑫/①⑥表孔
3 个中孔	同时开启⑥⑧⑩/①③⑤中孔	同时关闭⑥⑧⑩/①③⑤中孔
4 个中孔	⑦⑨/②④中孔→⑥⑩/①⑤中孔	⑥⑩/①⑤中孔→⑦⑨/②④中孔
5 个中孔	⑥⑧⑩/①③⑤中孔→⑦⑨/②④中孔	⑦⑨/②④中孔→⑥⑧⑩/①③⑤中孔

注：①闸门应按表中顺序分级启闭。其中，编号挨在一起的表示要同时启闭。

②当闸门开启能避开闸门强振区、满足下游非恒定流的要求时，建议表孔同时均匀启闭。

③当按表中的启闭顺序进行闸门调度时，同时要满足表 7.12 的要求。

（5）当单池内的闸门对称开启（对称的中孔或表孔闸门均匀开启）时，单池内边中孔的下泄流量应尽量大于或等于相邻中孔的下泄流量；单池内表孔对称开启应满足表7.12 的要求。

7.3　减振措施实施效果

7.3.1　消力池底板、导墙、跌坎立面压力

1. 2012 年中孔泄洪

消力池底板和跌坎立面均为正压，无负压出现。

消力池底板 2-5、2-6 板块（左池，坝右桩号 0+47.00～0+69.00 m，坝下桩号 0+149.50～0+167.00 m）压力测点各工况实测时均压力为 260～280 kPa，脉动压力在 50 kPa 左右，最大均方根在 12 kPa 左右。消力池底板振动位移带宽为 0.5～1.0 Hz，主频为 0.65 Hz，属正常控制范围。

中孔泄槽出口跌坎立面 ZP9 测点（坝右桩号 0+68.00 m，坝下桩号 0+132.00 m，高程为 251.00 m，泄 4）各工况实测时均压力为 207～211 kPa，脉动压力为 25～62 kPa，最大均方根约为 14 kPa，主频范围在 1.0 Hz 左右；ZP10 测点（坝右桩号 0+68.00 m，坝下桩号 0+132.00 m，高程为 248.00 m，泄 4）各工况实测时均压力为 234～238 kPa，脉动压力为 0.6～1.8 kPa，最大均方根为 0.5～2.3 kPa，主频范围在 0.1 Hz 左右，属正常控制范围。

2. 2013 年 370 m 水位中表孔泄洪

消力池底板时均压力分布均匀，各流量级下实测底板时均压力为 260～290 kPa，底板上时均压力基本服从静压分布；各流量级底板最大脉动压力的均方根为 8.3～15.7 kPa，主频小于 1 Hz。消力池底板脉动压力较小，脉动频率低，表明表孔、中孔的下泄主流未潜底。

3. 2013 年 380 m 水位中表孔泄洪

消力池底板时均压力分布均匀，底板上时均压力基本服从静压分布，380 m 蓄水期底板最大脉动压力的均方根为 4.5～19.4 kPa，当中孔开度加大时，底板的脉动压力增大。消力池底板脉动压力较小，脉动频率低，表明表孔、中孔的下泄主流没有发生潜底流。左右池尾坎测点的时均压力基本服从静压分布，且 270 m 高程以下测点的脉动压力较小。

4. 2014 年消力池底板压力

消力池底板时均压力分布均匀，实测左右池底板的时均压力分别为 281～342 kPa、

281～341 kPa，其量值接近各池的水深，说明底板的时均压力基本服从静压分布。

实测左池底板最大脉动压力的均方根为 5.5 kPa，右池底板最大脉动压力的均方根为 2.8 kPa，主频率小于 1 Hz。消力池底板的脉动压力较小，脉动频率低，表明表孔、中孔的下泄主流没有潜底。

7.3.2 坝面中隔墙及消力池振动

1. 2012 年 354 m 水位中孔单独运行坝面中隔墙振动

泄洪过程中坝面中隔墙发生低频振动，中隔墙末端上部振动位移最大，实测峰值（DA5 测点，泄 4 坝段桩号 0+131.00 m，表孔左侧壁，高程为 272.00 m）位移接近±1.25 mm，振动位移带宽为 0.3～1.2 Hz，主频为 0.41 Hz 和 0.63 Hz。

在 1:80 的水弹性模型试验中，5 年一遇洪水，上游库水位为 380 m 时，10 个中孔泄洪，中隔墙位移的均方根的最大值为 1.605 mm，最大位移按 3 倍的均方根计，为 4.815 mm，此时下游水位为 285.4 m。试验测得中隔墙动位移的脉动主频为 0.4～0.7 Hz，脉动能量分布在 1 Hz 以内，大于 1 Hz 的脉动能量很小。

因为初期原型观测资料不齐全，所以只能根据已有的动位移资料大致判断，水力学原型观测的坝面中隔墙的振动位移最大值为 1.25 mm，小于模型试验值，且所测得的动位移频率与模型试验成果相当，中隔墙处于正常运行状态。

2. 2013 年 370 m 水位中表孔联合运行消力池导墙底板及坝面中隔墙振动

泄洪过程中，坝面中隔墙和消力池导墙发生低频振动。泄洪过程中，消力池导墙的振动位移大于底板的振动位移，左右池联合泄洪时，中导墙实测振动位移大于左右导墙，也大于右池单池泄洪工况。

左右池联合泄洪时，右导墙振动位移的最大均方根为 60.0 μm；中表孔隔墙振动位移的最大均方根为 23.4 μm；消力池底板的振动位移较小，振动位移的均方根小于 10 μm。各测点振动位移变量的主频小于 1.0 Hz。

消力池导墙、底板及坝面中隔墙的低频振动位移很小，均处于正常运行状态。

3. 2013 年 380 m 水位中表孔联合运行消力池导墙底板及坝面中隔墙振动

各测点振动位移表明，③中孔、④表孔间隔墙的振动位移最大，左中右导墙中中导墙的振动位移最大，导墙的振动位移大于底板的振动位移，左池底板板块的振动位移略大于右池底板板块；各部位的振动位移与中表孔调度泄洪方式有很大关系。各部位测点的振动位移主频均在 1.0 Hz 左右。

消力池导墙、底板及坝面中隔墙的低频振动位移很小，均处于正常运行状态。

4. 2014 年中表孔联合运行消力池导墙底板及坝面中隔墙振动

2014 年,实测中表孔隔墙振动位移的最大均方根为 39.8 μm;消力池底板的振动位移最小,振动位移的均方根小于 10 μm。各测点振动位移变量的主频小于 1.0 Hz。

由于原型观测数据有限,无法进行比较分析,但总体而言,消力池导墙、底板及坝面中隔墙的振动位移均很小,均处于正常运行状态。

7.3.3 下游场地振动

2013 年门窗改造和橡胶支座等减振措施均未实施,但采取了两库联调以减小孔口泄量。2013 年 7 月 18 日~8 月 5 日,溪洛渡水库调蓄拦洪量达 6.9×10^8 m^3,削减洪峰流量 4 200 m^3/s,从源头上减小了振动。

2013 年 7 月 29 日,库水位为 371.65 m,孔口泄量为 11 080 m^3/s(全年最大泄量),②~⑤表孔开启 3.4 m+⑦⑫表孔开启 7.65 m+⑧~⑪表孔开启 5 m+10 个中孔开启 3.5 m,距离大坝约 1.0 km 的民居 7 楼的振动加速度为 1.29 Gal。

2014 年汛期泄洪期间,最大下泄流量为 8 880 m^3/s(7 月 9 日外送线路甩负荷试验)。2014 年继续实施以泄洪闸门优化调度、水库联合优化调度和门窗改造为主的减振措施,2014 年振动值较 2013 年又有所下降,正常泄洪工况下,下游县城振动加速度峰值为 1.13 Gal,最大泄量时下游县城振动加速度峰值为 1.09 Gal,均低于人群感知阈值 1.5 Gal,整个汛期都属于无感振动。房屋门窗晃动程度和由门窗晃动引起的噪声较 2013 年进一步减小,但水电站附近居民又逐渐关注向家坝水电站泄洪引起的噪声问题。根据监测数据,下游县城环境噪声受其他声源影响大,噪声监测数据与向家坝水电站泄洪没有相关性,即便如此,通过原型观测,进一步优化了泄水孔口的调度方案,以降低泄洪噪声。

2015 年属于枯水年,泄洪流量小,下游县城的振动加速度峰值为 1.45 Gal,全年均为无感振动。

2016 年实测距离大坝约 1.0 km 的民居 7 楼的最大振动出现在左池 6 个表孔均匀开启 5 m+右池⑧⑪表孔均匀开启 2 m+左池 5 个中孔均匀开启 3 m 运行工况,总出库流量为 11 875 m^3/s,泄洪孔口下泄流量为 5 635 m^3/s,库水位为 378.42 m,距离大坝约 1.0 km 的民居 7 楼的振动加速度峰值为 1.54 Gal,略大于人群感知阈值 1.5 Gal,其余工况的振动加速度峰值均小于 1.5 Gal。

2017 年沿用 2016 年的调度方式,全年最大振动加速度未超过 1.5 Gal。

2018 年汛期泄洪期间,在线监测发现,当库水位为 372 m 左右,孔口流量为 4 700~5 100 m^3/s,由单池泄洪转向双池泄洪,即左池开启方式不变(①~⑥表孔均匀开启 5 m+①~⑤中孔均匀开启 3 m)、右池⑧⑪表孔均匀开启 2 m 时,振动较大,其中,2018 年 7 月 19 日,下泄流量为 5 027 m^3/s,库水位为 372.59 m 时,振动加速度达 1.62 Gal。如果转换过程中减小左池的闸门开度，增加右池的开启孔数，即均衡两池的下泄流量，可减小下游县城的振动，12 个表孔均匀开启 2.5 m、左池 5 个中孔均匀开启 2 m、右池 5 个中孔均匀开启 1 m 时，最大振动加速度仅为 0.79 Gal。其他工况下，最大振动加速度为 1.25 Gal。2018 年 8 月对闸门调度方式进行优化，减小双池运行的起始泄量，且在转换过程中，将右池单独开启 2 个表孔改为同时开启中间 4 个表孔，同时减小左池表孔开启高度，之后未见振动加速度超过 1.5 Gal。

2018 年，孔口下泄流量为 4 700～5 100 m³/s，不同闸门开启方式下距离大坝约 1.0 km 的民居 7 楼部分时段的振动加速度统计见表 7.9，2012～2018 年正常泄洪期间，下游县城距离大坝约 1.0 km 的民居 7 楼的振动加速度峰值见表 7.14。

表 7.14　2012～2018 年正常泄洪期间下游县城距离大坝约 1.0 km 的民居 7 楼的振动加速度峰值

时间 （年-月）	孔口下泄流量 /（m³/s）	当年振动 加速度峰值/Gal	备注
2012-10	6 562	3.04	2012 年 10 个中孔运行实测最大振动
2013-07	11 080	1.29	2013 年全年最大孔口下泄流量
2014-08	8 148	1.13	12 个表孔开启 4 m+10 个中孔开启 2 m，但非 2014 年全年最大下泄流量。2014 年全年最大下泄流量为 8 555 m³/s 时，振动加速度峰值为 1.09 Gal
2015-09	5 254	1.45	同一工况下的多次监测数据波动较大，取其中的最大值
2016-08	5 635	1.54	6 个表孔均匀开启 5m+右池⑧⑪表孔均匀开启 2 m+左池 5 个中孔均匀开启 3 m，总出库流量为 11 875 m³/s，库水位为 378.42 m
2018-09	4 930	1.25	左池 6 个表孔均匀开启 4 m+左池 5 个中孔均匀开启 3 m+右池 4 个表孔均匀开启 2 m，库水位为 371.84～373.28 m
2018-07	5 027	1.62	左池 6 个表孔均匀开启 5 m+左池 5 个中孔均匀开启 3 m+右池⑧⑪表孔均匀开启 2 m（单池运行向双池运行过渡时），库水位为 372.59 m

注：2014 年 8 月 20 日当天泄洪工况未发生变化，共采集了 12 组数据。该工况下的最小振动加速度为 0.79 Gal，与该工况下的振动加速度峰值 1.13 Gal（同时是当年最大）相差 30%。

2014 年开始，所有闸门均可正常运行。原型观测数据显示，同一工况振动值波动较大。由 2018 年的振动数据可见：同一工况振动值波动较大，最大相差 1 倍，如左池 6 个表孔开启 4 m、5 个中孔开启 3 m，右池 4 个表孔开启 2 m 工况，泄量为 4 863～5 013 m³/s，库水位为 371.84～373.28 m，振动加速度最小值为 0.65 Gal，最大值为 1.25 Gal。2018 年 7 月 7 日～8 月 2 日，左池 6 个表孔均匀开启 5 m+左池 5 个中孔均匀开启 3 m+右池⑧⑪表孔均匀开启 2 m，孔口下泄流量为 4 853～5 062 m³/s，测量 102 组数据，其振动加速度最小值仅为 0.93 Gal，最大值则达 1.62Gal。上述最大值均不发生在最大泄量时。

2014 年 8 月 20 日当天泄洪工况未发生变化，共采集了 12 组数据。该工况下的最小振动加速度为 0.79 Gal，与该工况下的振动加速度峰值 1.13 Gal（同时是当年最大）相差 30%。

采用实时调控技术进一步提高减振的保证率。已在现场建立了一套覆盖工程枢纽区和下游县城大部分区域的在线振动监测系统，在确保工程安全的前提下，对闸门调度进行动态调整，逐步优化。利用在线振动监测系统实施实时监测，对监测结果进行反馈分析，一旦发现某种运行工况的振动值明显超标，就对日常闸门调度方案进行动态调整，将向家坝水电站日常调度下下游县城的振动加速度峰值控制在 1.5 Gal 以下，使人群对振动处于无感状态，满足人群对振动的要求。数据表明：单池均衡泄流，振动量小；单池转向双池泄流时，宜多孔同时均匀开启运行；振动具有明显的随机性；数据受周围环境的干扰，出现了瞬间振动突然大幅增大的现象。

7.4　调控技术总结与评价

7.4.1　振动及其响应特性

（1）振动的主要控制因素为振源、传播途径和传播介质。向家坝水电站下游局部区域场地的振源为大坝泄洪建筑物泄洪。传播途径：主要通过地基传播，还可能通过空气传播。传播介质：地质条件，向家坝水电站古河道覆盖层对振动有放大效应。

（2）流态决定消力池水流的脉动荷载，脉动荷载与下游场地振动存在良好的正相关的激励-响应关系。流态取决于上游水位、流量、闸门开启方式。泄量越大，脉动荷载越大。

（3）下游场地的振动加速度随着下泄流量的增大而增大，随着单孔泄量的增大而增大。

（4）振动与闸门调度方式密切相关。相同泄量下，表中孔联合泄流较表孔或中孔单独泄流振动量小，双池联合泄流较单池联合泄流振动量小。表孔或中孔越均匀对称开启，越有利于减小振动。

（5）相同泄量、下游水位、开启方式条件下，库水位对脉动压力的影响不大。

（6）枢纽区测点的振动属于低频振动，主频主要集中在 1 Hz 附近。坝后厂房上游边墙、下游边墙垂直坝轴线方向的振动主频偏大，集中分布在 3.8 Hz 附近。振动沿程衰减。

7.4.2　减振措施

减振措施包括阻断振动传播途径和振源减振两种。

（1）阻断振动传播途径的措施：门窗改造、隔振沟、隔振橡胶支座、悬索桩隔断措施、调谐液体阻尼器（tuned liquid damper，TLD）减振措施、房屋基底灌浆减振等。

（2）针对振源的减振措施：研究表明，振动强度与孔口下泄流量和闸门调度方式密切相关。因此，一方面通过优化闸门调度方式，采用多孔口、小开度、对称、均匀开启的方式泄洪，减小消能区的脉动荷载，从而有效减轻了场地振动；另一方面，利用向家坝和溪洛渡两座水电站汛期可调用的库容，动态调控向家坝水电站的出库流量，减轻了下游县城孔口泄洪引起的振动。

7.4.3　减振效果

（1）阻断振动传播途径的减振措施。阻断振动传播途径的减振措施均有一定的减振效果，但除了对部分振动比较大的区域实施了门窗改造外，由于条件限制和效果的不确定性，其他措施基本未实施。

（2）针对振源采取的减振措施。针对振源采取的减振措施效果显著且可靠，实施方便。振源减振措施的优势在于：利用可供运行的闸门，通过调整泄洪闸门调度方式，改善消力池流态，减小消力池的脉动荷载，既减轻了消力池本身的振动，又减小了下游场地的振动；只要调整泄洪孔口的闸门开启方式，就可以有效减小振动，如结合水库联调和昼夜分级泄流，减小孔口泄量，减振效果更佳。

（3）实时调控技术。采用实时调控技术进一步提高减振的保证率。2013 年至今，最大孔口下泄流量为 11 080 m³/s，采用振源减振措施，不断对闸门调度方式进行实时优化调整，将下游县城的振动加速度峰值控制在 1.5 Gal 以下，较 2012 年的振动加速度峰值 3.04 Gal（孔口下泄流量为 6 562 m³/s）减小了 30%以上，取得了良好的减振效果。

参 考 文 献

[1] 中国水电工程顾问集团有限公司. 云南金沙江金安桥水电站枢纽工程竣工安全鉴定报告[R]. 北京: 中国水电工程顾问集团有限公司, 2016.

[2] 王才欢, 侯冬梅, 张晖, 等. 水流掺气对明流泄洪洞及挑坎水力特性的影响[J]. 人民长江, 2017, 48 (23): 74-78, 88.

[3] 练继建. 官地水电站泄洪水力学原型观测成果报告[R]. 天津: 天津大学, 2018.

[4] 黄国兵, 侯冬梅, 杨晓红. 高水头泄水孔掺气坎水体喷溅猝发研究[C]//第九届全国水力学与水利信息学大会论文集. 南京: 河海大学出版社, 2019.

[5] 练继建. 锦屏一级水电站水力学原型观测报告[R]. 天津: 天津大学, 2017.

[6] 练继建. 高坝泄洪洞通风补气关键技术研究报告[R]. 天津: 天津大学, 2019.

[7] 齐春风. 泄水建筑物掺气设施与供气系统掺气通风特性深化研究[D]. 天津: 天津大学, 2017.

[8] 葛金钊. 高拱坝泄洪安全优化调度方法研究[D]. 天津: 天津大学, 2018.

[9] 姜凯. 事故闸门动水闭门水利及爬振特性研究[D]. 天津: 天津大学, 2017.

[10] 谷欣玉. 班多水电站机组进水口平面事故闸门闭门过程的荷载特性研究[D]. 天津: 天津大学, 2018.

[11] 练继建, 边玉迪, 李会平, 等. 宽尾墩消力池水动力及调控响应特性研究[J]. 水力发电学报, 2020, 39(1): 1-11.

[12] 叶德震. 金安桥水电站消力池底板破坏反演分析研究[D]. 天津: 天津大学, 2018.

[13] 唐志朋. 高拱坝挑跌流水垫塘水力特性及其稳定安全研究[D]. 武汉: 长江水利委员会长江科学院, 2019.

[14] 骆少泽, 张陆陈, 胡亚安. 金沙江向家坝水电站泄洪坝段 1: 40 大比尺单池水工模型试验研究[R]. 南京: 南京水利科学研究院, 2012.

[15] 胡亚安, 阮仕平, 严秀俊. 金沙江向家坝水电站泄洪表、中孔及消力池 1: 40 大比尺半单池水工模型减压试验研究[R]. 南京: 南京水利科学研究院, 2012.

[16] 骆少泽, 王新, 张陆陈. 向家坝水电站 2013 年泄洪优化与反演试验研究[R]. 南京: 南京水利科学研究院, 2014.

[17] 梁超, 练继建, 马斌, 等. 天然水垫塘护坡板块优化结构形式试验研究[J]. 水利水运工程学报, 2017, 50(12): 1296-1303.

[18] 杨家修, 张陆陈, 庞博慧, 等. 高土石坝大交角挑流消能水垫塘优化布置[J]. 水利水电科技进展, 2020, 40(5): 9-12.

[19] 梁超, 练继建, 马斌, 等. 水垫塘坡面高度对不利工况下护坡安全的影响[J]. 水利水运工程学报, 2017, 49(6): 1-8.

[20] 张康, 牧振伟. 水垫塘底板稳定水力要素的试验研究及数值模拟[J]. 水利科技与经济, 2019, 25(8): 1-6.

[21] 罗昌辉. 某枢纽工程联合水垫塘不同运行工况上举力变化规律研究[J]. 水利科技与经济, 2018, 24(9): 31-35.

[22] 张龑, 练继建, 刘昉, 等. 基于模型试验的高坝泄洪诱发场地振动影响因素研究[J]. 振动与冲击, 2016, 35(16): 30-37.

[23] 梁超. 高坝泄洪诱发结构和场地振动机理和减振方法研究[D]. 天津: 天津大学, 2017.

[24] 练继建. 向家坝水电站泄洪诱发场地振动及减振措施研究报告[R]. 天津: 天津大学, 2016.

[25] 张龑. 高坝泄洪诱发场地振动振源特性与传播规律研究[D]. 天津: 天津大学, 2015.

[26] 张旭. 高碾压成层混凝土坝流激振动特性与工作模态识别研究[D]. 天津: 天津大学, 2017.

[27] 骆少泽, 王新, 张陆陈. 向家坝水电站下游局部区域振动监测研究[R]. 南京: 南京水利科学研究院, 2013.

[28] 张陆陈, 范雪梅, 骆少泽, 等. 高坝泄洪消能诱发场地振动的预测方法[J]. 水利水电科技进展, 2018(11): 66-69.

[29] 黄国兵, 杜兰, 王才欢, 等. 窄缝挑坎水翅轨迹及降雨特性研究[J]. 长江科学院院报, 2017, 34 (12): 44-47.

[30] 练继建. 纳子峡水电站泄洪洞消能及溢洪道泄水雾化危害处理研究报告[R]. 天津: 天津大学, 2019.

[31] 杨敏, 崔广寿. 水垫塘底板稳定性控制指标的探讨[J]. 水利学报, 2003(8): 6-10.

[32] 练继建. 官地水电站泄洪安全实时监测及预警系统研究报告[R]. 天津: 天津大学, 2016.

[33] 练继建. 锦屏一级水电站泄洪消能实时动态安全监控系统构建及预警系统研究报告 [R]. 天津: 天津大学, 2017.

[34] 黄秋君, 冯树荣, 李延农, 等. 多股多层水平淹没射流消能工水力特性试验研究[J]. 水动力学研究与进展, 2008, 23(6): 654-701.

[35] 张芷萃, 潘江洋, 曾少岳, 等. 双层多股水平射流新型消能工安全运行方式研究[J]. 水力发电, 2020, 46(12): 59-62.